발명가의 작업실

사람과 기계가
서로를 변화시킨 이야기

루스 에이모스 글 | 스테이시 토머스 그림 | 강수진 옮김

주니어김영사

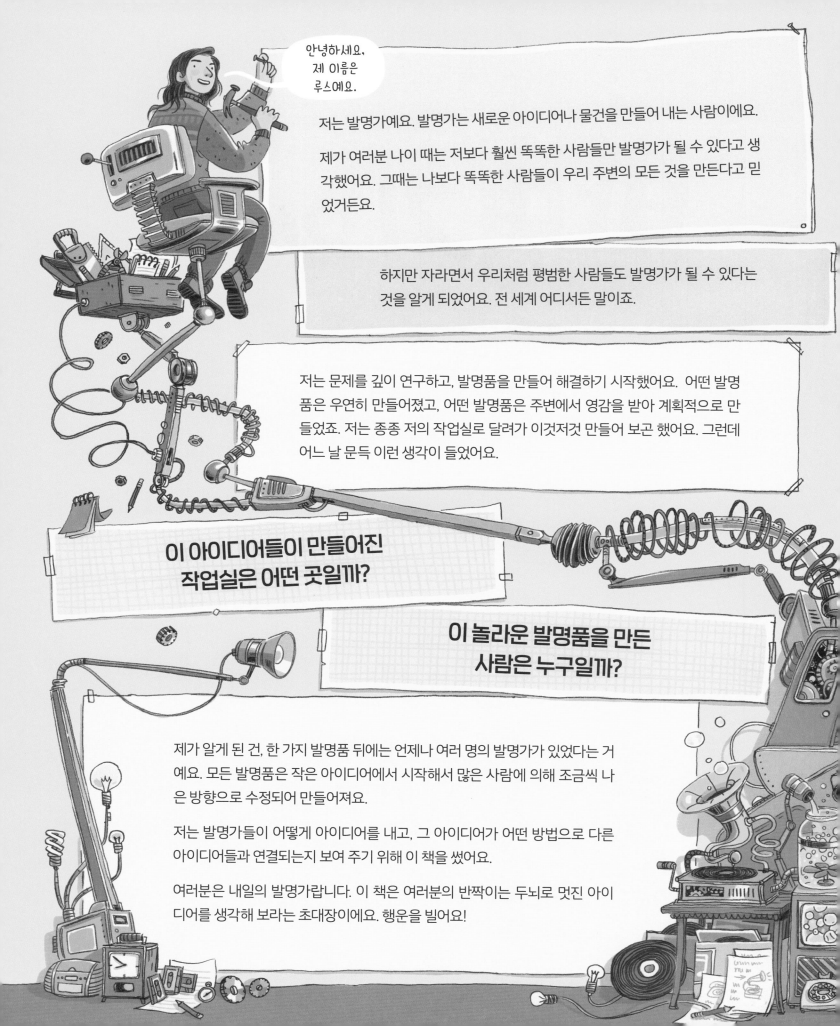

안녕하세요,
제 이름은
루스예요.

저는 발명가예요. 발명가는 새로운 아이디어나 물건을 만들어 내는 사람이에요.

제가 여러분 나이 때는 저보다 훨씬 똑똑한 사람들만 발명가가 될 수 있다고 생각했어요. 그때는 나보다 똑똑한 사람들이 우리 주변의 모든 것을 만든다고 믿었거든요.

하지만 자라면서 우리처럼 평범한 사람들도 발명가가 될 수 있다는 것을 알게 되었어요. 전 세계 어디서든 말이죠.

저는 문제를 깊이 연구하고, 발명품을 만들어 해결하기 시작했어요. 어떤 발명품은 우연히 만들어졌고, 어떤 발명품은 주변에서 영감을 받아 계획적으로 만들었죠. 저는 종종 저의 작업실로 달려가 이것저것 만들어 보곤 했어요. 그런데 어느 날 문득 이런 생각이 들었어요.

이 아이디어들이 만들어진 작업실은 어떤 곳일까?

이 놀라운 발명품을 만든 사람은 누구일까?

제가 알게 된 건, 한 가지 발명품 뒤에는 언제나 여러 명의 발명가가 있었다는 거예요. 모든 발명품은 작은 아이디어에서 시작해서 많은 사람에 의해 조금씩 나은 방향으로 수정되어 만들어져요.

저는 발명가들이 어떻게 아이디어를 내고, 그 아이디어가 어떤 방법으로 다른 아이디어들과 연결되는지 보여 주기 위해 이 책을 썼어요.

여러분은 내일의 발명가랍니다. 이 책은 여러분의 반짝이는 두뇌로 멋진 아이디어를 생각해 보라는 초대장이에요. 행운을 빌어요!

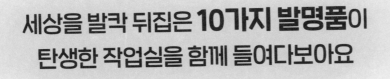

세상을 발칵 뒤집은 **10가지 발명품**이 탄생한 작업실을 함께 들여다보아요

이제 발명가의 작업실에 들어간 후, 발명의 역사가 만들어지는 과정을 시간의 흐름에 따라 살펴볼 거예요.

10개의 위대한 발명품을 만든 천재들을 빨리 만나고 싶어요!

전화 교환소
◇
넓은 세상을 연결하는 통신

옛날에는 같은 장소에 있어야만 서로 대화할 수 있었어요. 하지만 1876년 벨이 상자를 닮은 전화기를 발명하고부터는 상대방이 전 세계 어디에 있든 사람들은 실시간으로 대화를 나눌 수 있게 되었지요. 목소리가 먼 곳까지 전달될 수 있게 된 거예요. 이 놀라운 통신 도구의 발명이 어떻게 시작되었는지 궁금하지 않나요? 아마 처음 시작은 상상과 많이 다를지도 몰라요.

수천 년 동안 사람들은 멀리 있는 사람들과 소통할 방법을 찾았어요. 고대 이집트인들은 바다에서 육지에 있는 집으로 편지를 보내기 위해 **비둘기**를 우편배달부로 이용했지요.

두 개의 깡통을 팽팽하게 끈으로 연결한 실 전화기 같은 간단한 **음향 전화기**가 만들어지기 시작했어요.

벨의 상자 전화기에는 나팔 모양의 장치가 있어요. 사람들은 여기에 대고 말을 하거나 귀에 대고 상대방의 목소리를 들었어요.

크랭크 전화기는 손잡이를 돌려 교환원에게 신호를 보내면, 교환원이 원하는 상대와 연결해 주는 방식으로 전화를 할 수 있어요.

촛대형 전화기는 최초의 가정용 전화기 중 하나예요. 벽에 붙이지 않고 사용할 수 있어 사람들은 앉아서 전화를 할 수 있게 되었지요.

회전식 다이얼 전화기는 직접 원하는 번호를 돌려서 전화를 걸 수 있어요. 더 이상 교환원이 필요 없게 된 것이죠.

버튼식 전화기는 회전식 다이얼 전화기보다 두 배 더 효율적이었어요. 버튼을 눌러서 전화를 걸 수 있었거든요.

집 안을 돌아다니며 전화할 수 있게 해 준 **무선 전화기**는 사람들에게 최고의 자유를 선물해 줬어요!

이 두툼한 검은 상자는 세계 최초의 '스마트폰', **사이먼**이에요. 주머니 크기는 아니지만, 터치스크린을 사용해 전화를 걸 수 있었고, 오늘날 스마트폰에서 사용하는 계산기 같은 기본 앱도 갖추고 있었지요.

음향 전화기

초기 실험 중 일부는 영국의 다재다능한 학자 **로버트 훅**에 의해 시작되었어요. 그는 팽팽한 끈이나 철사에 연결된 컵 모양의 장치를 통해 소리가 전달된다는 사실을 발견했어요. 한쪽 끝에 달린 컵 장치에 말을 하면 목소리에서 나온 소리 파동이 진동으로 변해 철사를 따라 이동하고, 그 진동이 다른 한쪽 끝에 있는 컵 장치에서 다시 소리로 바뀌어요.

전화기의 역사

동굴 벽화에서 연기 신호에 이르기까지 인류는 오래전부터 통신 수단을 발명해 왔어요. 이후 전기가 발명되면서 빠르게 발전한 기술 덕분에 전화가 탄생할 수 있었지요.

노래하는 기계

독일의 발명가 **요한 필리프 라이스**는 소리를 전기 신호로 바꾸는 장치인 '라이스 전화기'를 개발했어요. 이 장치는 음악을 전송하는 데는 효과적이었지만, 말을 알아듣기는 어려워서 실용적이지 않았어요.

상자 전화기

스코틀랜드 출신의 **알렉산더 그레이엄 벨**은 '음성이나 다른 소리를 전기 신호로 바꾸어 전달하는 장치'에 대해 미국 특허를 제출했어요. 벨은 이 장치를 상자 전화기라고 불렀어요.
같은 날, 미국의 발명가 **엘리샤 그레이**도 매우 비슷한 장치에 대해 특허를 제출했지요. 하지만 22일 후, 벨의 특허가 승인되었어요. 그 뒤 발명에 대한 법적인 다툼이 있었지만 결국 벨이 승리했어요.

알렉산더 그레이엄 벨

엘리샤 그레이

전신기

초기 실용적인 전신기(전류나 전파를 이용하여 통신하는 기계)는 거의 동시에 발명되었어요. 영국에서는 **윌리엄 쿡**과 **찰스 휘트스턴**이 바늘과 전선, 전자석을 사용해 암호화된 메시지를 보낼 수 있는 전신기를 만들었어요.

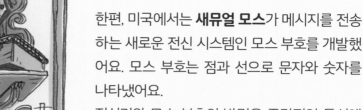

한편, 미국에서는 **새뮤얼 모스**가 메시지를 전송하는 새로운 전신 시스템인 모스 부호를 개발했어요. 모스 부호는 점과 선으로 문자와 숫자를 나타냈어요.

전신기와 모스 부호의 발명은 즉각적인 통신에 대한 열망을 불러일으켰고, 이때부터 음성 전송 방법을 찾기 위한 경쟁이 시작되었어요.

1830년대

말하는 전신기

이탈리아에서 태어난 발명가 **안토니오 메우치**는 전신기를 실험하다가 음성을 보낼 수 있다는 사실을 발견했어요! 그는 자신이 만든 장치로 지하 작업실에서 2층 침실에 있는 아픈 아내와 소통할 수 있었지요. 하지만 돈이 부족해 자신이 발명가임을 증명할 특허를 얻지는 못했어요.

1856년

상자 전화기는 어떻게 작동할까요?

나팔 모양의 장치는 말할 때나 들을 때 사용했어요. 장치 안에는 작은 북의 가죽 같은 진동판이 들어 있는데 누군가 말하면 이 진동판이 흔들려요.

나팔 모양의 장치에 대고 말하면 **전자석**이 흔들려요.

전자석은 말굽 모양의 **자석** 주위에 감겨 있어서 자석의 힘을 강하게 만들어 줘요.

두 개의 **단자**에 연결된 **전선**은 다른 전화기와 전기 신호를 주고받아요.

텔레포니

미국의 흑인 발명가 **그랜빌 우즈**는 전화기와 전신기를 결합해 하나의 전선으로 음성과 모스 부호 메시지를 보낼 수 있는 장치를 만들었어요. 그는 이 장치를 텔레포니라 부르며, 그 설계 권리를 알렉산더 그레이엄 벨의 회사에 팔았어요. 이후 그는 정전기를 이용하여 달리는 기차들끼리 메시지를 전송할 수 있는 장치를 발명해 철도 여행을 더 안전하게 만들었어요.

1885년

새로운 일자리의 기회

벨의 상자 전화기가 발명된 이후 통신망이 확장되었지만, 사용자끼리 직접 연결되는 전용 회선은 없었어요. 대신 교환원이 전화를 받고 수동으로 목적지로 연결해 주는 교환기(전화 교환에 쓰이는 기계)가 있었지요.
교환원은 집중력이 높고 손이 빨라야 했어요. **에마 너트**는 세계 최초의 여성 전화 교환원으로 역사에 이름을 남겼어요.

1878년 ↑

통신 발전으로 변화된 세상

1800년대 후반, 전화 기술이 급격히 발전하자
새로운 통신의 편리함은
사회에 긍정적인 변화를 가져왔어요.
여성들에게 새롭게 일할 기회를 열어 주고,
도움이 필요한 사람들을 돌볼 수 있게 되었죠.

사업을 돕는 효과적인 시스템

전화가 널리 사용되면서, 콜센터에서 처리할 통화량은 점점 많아졌어요. 어떤 때는 통화량이 너무 많아 전화를 받지 못하기도 했지요. 이는 사업에 나쁜 영향을 끼쳤어요.
미국의 수학자 **에르나 슈나이더 후버**는 '컴퓨터 전화 교환 시스템'을 개발하여 걸려오는 전화를 관리하고, 시스템이 과부하되지 않도록 도왔어요.

1971년 ↑

이동 중에도 가능한 통화

1980년대 초, 기술자들은 이동 중에도 전화할 수 있는 무선 전화 시스템을 개발 중이었어요. 스웨덴의 기술자 **라일라 올그렌**은 전화번호를 모두 누르지 않고, 호출 버튼을 통해 자동으로 연결되는 세계 최초의 무선 전화 시스템 개발에 참여했어요. 과학 기술은 예전에도, 지금도 계속 성장하는 중이랍니다.

1980년대 ↑

전쟁을 도운 전화 기술

1917년 미국이 제1차 세계 대전에 참전했을 때, 전선에서는 군사 작전과 관련된 메시지를 전달하기 위해 프랑스어를 할 줄 아는 전화 교환원을 모집했어요.

그레이스 뱅커는 1918년 미국 육군 통신부에서 여성 전화 교환원들 중 최고의 교환원으로 활약했어요. 그녀와 동료 여성들의 역할은 모든 분야에서 여성의 능력을 증명하는 계기가 되었지요. 이 계기로 2년 후 미국에서 여성들은 투표권을 얻을 수 있게 되었어요.

여성들은 "우리는 나라를 위해 목숨을 바칠 각오가 되어 있는데, 왜 투표권을 주지 않나요?"라고 물었어요.

도움이 필요한 사람을 위한 전화 서비스

영국은 전 세계에서 최초로 긴급 구조 서비스를 위한 전용 전화번호를 도입한 나라예요. 이 번호로 전화를 걸면 교환원을 거치지 않고 경찰서나 소방서 등으로 바로 연결되었어요.

수십 년 후, 1953년에 젊은 목사 **채드 바라**는 위기에 처한 사람에게 전화로 도움을 주는 세계 최초의 긴급 상담 서비스를 만들었어요.

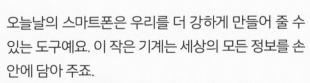

오늘날의 스마트폰은 우리를 더 강하게 만들어 줄 수 있는 도구예요. 이 작은 기계는 세상의 모든 정보를 손 안에 담아 주죠.

우리는 이 정보를 통해 더 많이 배우고, 올바른 결정을 내릴 수 있어요. 또 스마트폰은 우리와 세상을 더 강하게 연결해 주기도 해요.

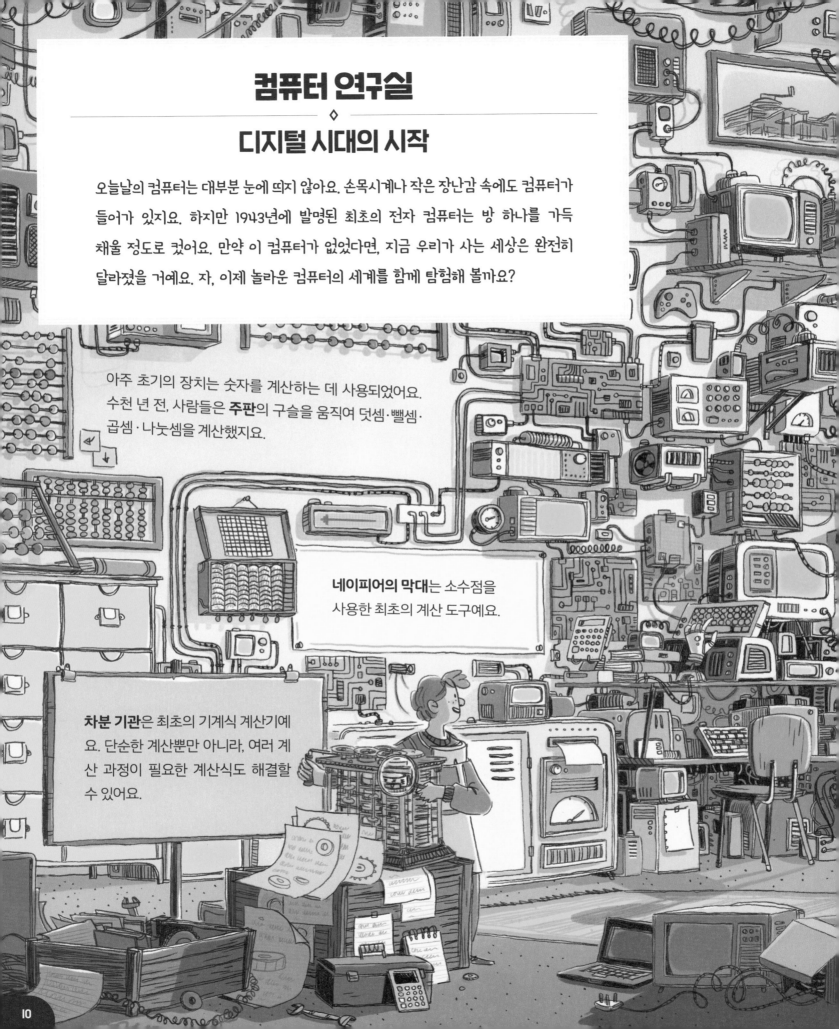

컴퓨터 연구실

◇

디지털 시대의 시작

오늘날의 컴퓨터는 대부분 눈에 띄지 않아요. 손목시계나 작은 장난감 속에도 컴퓨터가 들어가 있지요. 하지만 1943년에 발명된 최초의 전자 컴퓨터는 방 하나를 가득 채울 정도로 컸어요. 만약 이 컴퓨터가 없었다면, 지금 우리가 사는 세상은 완전히 달라졌을 거예요. 자, 이제 놀라운 컴퓨터의 세계를 함께 탐험해 볼까요?

아주 초기의 장치는 숫자를 계산하는 데 사용되었어요. 수천 년 전, 사람들은 **주판**의 구슬을 움직여 덧셈·뺄셈· 곱셈·나눗셈을 계산했지요.

네이피어의 막대는 소수점을 사용한 최초의 계산 도구예요.

차분 기관은 최초의 기계식 계산기예요. 단순한 계산뿐만 아니라, 여러 계산 과정이 필요한 계산식도 해결할 수 있어요.

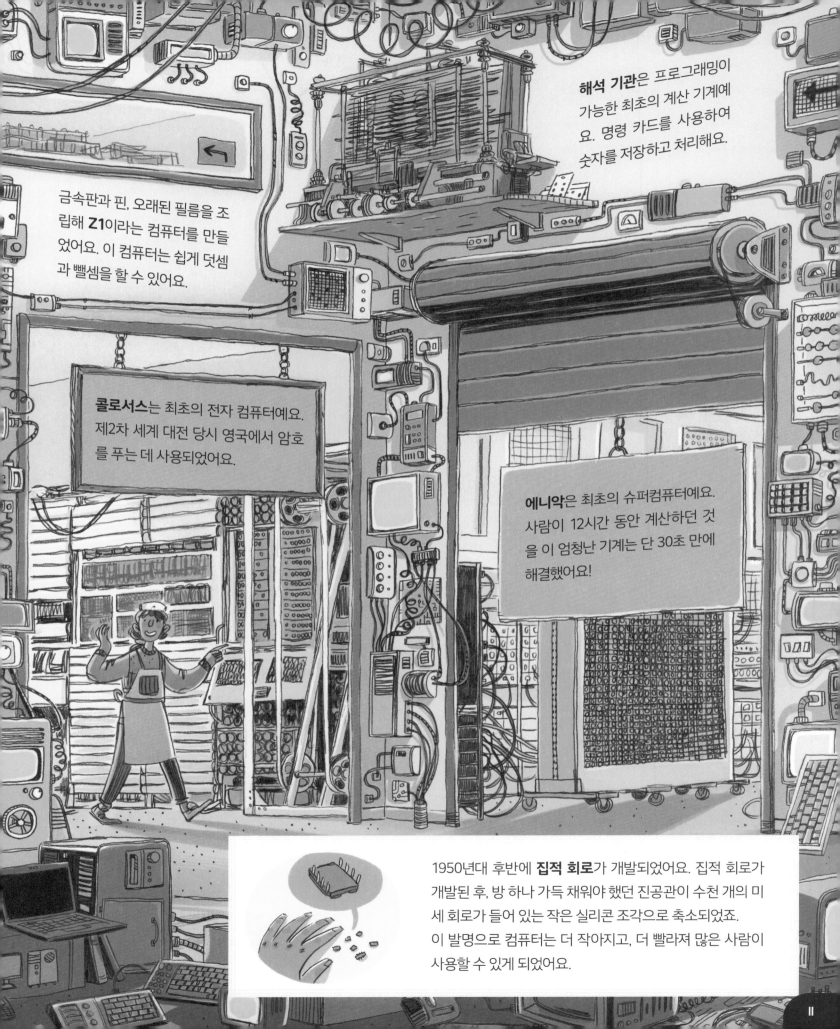

해석 기관은 프로그래밍이 가능한 최초의 계산 기계예요. 명령 카드를 사용하여 숫자를 저장하고 처리해요.

금속판과 핀, 오래된 필름을 조립해 **Z1**이라는 컴퓨터를 만들었어요. 이 컴퓨터는 쉽게 덧셈과 뺄셈을 할 수 있어요.

콜로서스는 최초의 전자 컴퓨터예요. 제2차 세계 대전 당시 영국에서 암호를 푸는 데 사용되었어요.

에니악은 최초의 슈퍼컴퓨터예요. 사람이 12시간 동안 계산하던 것을 이 엄청난 기계는 단 30초 만에 해결했어요!

1950년대 후반에 **집적 회로**가 개발되었어요. 집적 회로가 개발된 후, 방 하나 가득 채워야 했던 진공관이 수천 개의 미세 회로가 들어 있는 작은 실리콘 조각으로 축소되었죠. 이 발명으로 컴퓨터는 더 작아지고, 더 빨라져 많은 사람이 사용할 수 있게 되었어요.

최초의 기계식 계산기

영국의 수학자 **찰스 배비지**는 **차분 기관**이라 불리는 최초의 계산 기계를 발명했어요. 이 기계는 만드는 데에 많은 어려움이 뒤따랐어요. 2만 5000개의 부품이 필요했고, 시범 모델을 만드는 데에도 몇 년이 걸렸지요.

최초의 프로그래밍 가능 장치

몇 년 후, 배비지는 프로그래밍이 가능한 계산 장치인 **해석 기관**을 생각해 냈어요. 해석 기관은 천공 카드(구멍을 뚫어 숫자·글자·기호를 나타낸 카드)에 입력된 지시에 따라 수학적 계산을 하도록 설계되었어요. 비록 완성되지는 않았지만, 그 구성 요소들은 오늘날 모든 컴퓨터의 기초가 되었지요.

1821~22년

1834년

컴퓨터의 역사

오늘날 우리가 사용하는 컴퓨터는 옛 조상들로부터 시작해서 점차 발전된 여러 기술 분야의 발명품 중 하나예요. 우리의 조상들은 손가락과 발가락에 의존해 계산했어요. 지금은 컴퓨터가 자동으로 계산을 해 주지요.

최초의 슈퍼컴퓨터

미국의 물리학자 **존 모클리**는 제2차 세계 대전 중에 포탄의 움직임을 계산하기 위해 **에니악**을 만들었어요. 이 컴퓨터는 무게가 30톤(t)이나 나갔고, 모든 부품을 담기 위해 약 140제곱미터(m^2)의 공간이 필요했어요.

1946년

최초의 개인용 컴퓨터

1960년대 중반까지 컴퓨터는 연구실의 수학자들만이 사용할 수 있었어요. 하지만 이탈리아의 전기 공학자 **피에르 조르지오 페로토**가 만든 **올리베티 프로그래머 101**이 모든 것을 바꾸어 놓았어요. 사람들이 집에서 사용할 수 있는 탁상용 컴퓨터가 나오게 된 것이죠.

프로그래머 101은 어떻게 작동할까요?

키보드를 사용해 글자, 숫자 등의 데이터를 입력해요.

파란 램프가 켜지면 컴퓨터가 입력을 받을 준비가 되었다는 뜻이고, **빨간 램프**가 켜지면 오류가 발생했다는 뜻이에요.

최대 120개의 명령이 기록된 프로그램을 **자기 카드**에 저장해요.

결과는 **드럼 프린터**로 출력돼요.

1964년

전기로 작동되는 최초의 컴퓨터

독일의 토목 기사 **콘라드 추제**는 전기로 작동되는 이진법 기계식 컴퓨터인 **Z1**을 개발하기 시작했어요. 이 기계는 매우 독창적으로 설계되었는데 가장 큰 특징이 수를 0과 1, 두 개의 숫자로만 표현하는 이진법 숫자 시스템을 사용했다는 점이에요.

배비지의 설계를 포함한 Z1 이전의 모든 기계식 계산기는 십진법(0부터 9까지 10개의 숫자를 사용하여 수를 표현하는 방법)을 따르고 있었어요.

1936~38년

최초의 전자 컴퓨터

콜로서스는 제2차 세계 대전 중에 아돌프 히틀러와 그의 장군들 사이에 주고받은 로렌츠 암호화 메시지를 풀기 위해 개발되었어요. 이 컴퓨터는 수학자 **맥스 뉴먼**의 계획을 바탕으로 영국의 기술자 **토미 플라워스**가 개발했고, 1944년 영국의 전시 암호 해독 본부인 블레츨리 파크에서 가동되었어요.

1944년

오늘날 컴퓨터는 간단한 터치스크린을 포함해 다양한 형태와 크기로 만들어져요.

현대의 컴퓨터

미국의 흑인 컴퓨터 과학자 **마크 딘**은 현대 컴퓨터 기술, 특히 **컬러 컴퓨터 모니터**와 **최초의 1기가헤르츠(㎓) 칩** 개발에 중요한 역할을 했어요. 1기가헤르츠 칩은 초당 10억 번을 계산할 수 있는 능력을 갖추고 있어요.

1990년대

여성 코더들의 숨겨진 역사

세상에는 훌륭한 기계들이 있었어요. 하지만 이 기계들을 작동시키려면 프로그래밍이 필요했지요. 좋은 프로그래머, 즉 코더라면 간결하고 효율적이면서 꼭 필요한 명령어만 골라 쓸 줄 알아야 해요.

조안 클라크

영국의 **암호 해독가** 조안 클라크는 제2차 세계 대전 중 블레츨리 파크에서 일했어요. 케임브리지 대학교의 수학자였던 그녀는 독일군의 암호화된 메시지를 실시간으로 해독하여 연합군의 생명과 장비를 구하는 데 도움이 되었어요.

에이다 러브레이스

영국의 수학자 에이다 러브레이스는 찰스 배비지의 해석 기관으로 **베르누이 수**(특정 숫자의 배열)를 계산할 수 있다는 것을 밝혀냈어요. 그녀가 작성한 계산표는 당시 첫 번째 '코드(정보를 나타내기 위한 기호 체계)'로 여겨지고 있어요. 오늘날 그녀는 **세계 최초의 컴퓨터 프로그래머**로 평가받고 있지요.

에니악 프로그래머들

제2차 세계 대전 당시 비밀 프로젝트로 여섯 명의 미국 여성들이 **에니악** 컴퓨터를 프로그래밍했어요. 케이 맥널티, 베티 진 제닝스, 베티 스나이더, 말린 웨스코프, 프랜 빌라스, 루스 릭터먼이 바로 그 여성들이에요. 이전에는 프로그래밍 언어가 없었어요. 이들의 노력 덕분에 컴퓨터는 몇 초 만에 복잡한 계산을 해낼 수 있게 되었지요.

1843년

1940년

1946년

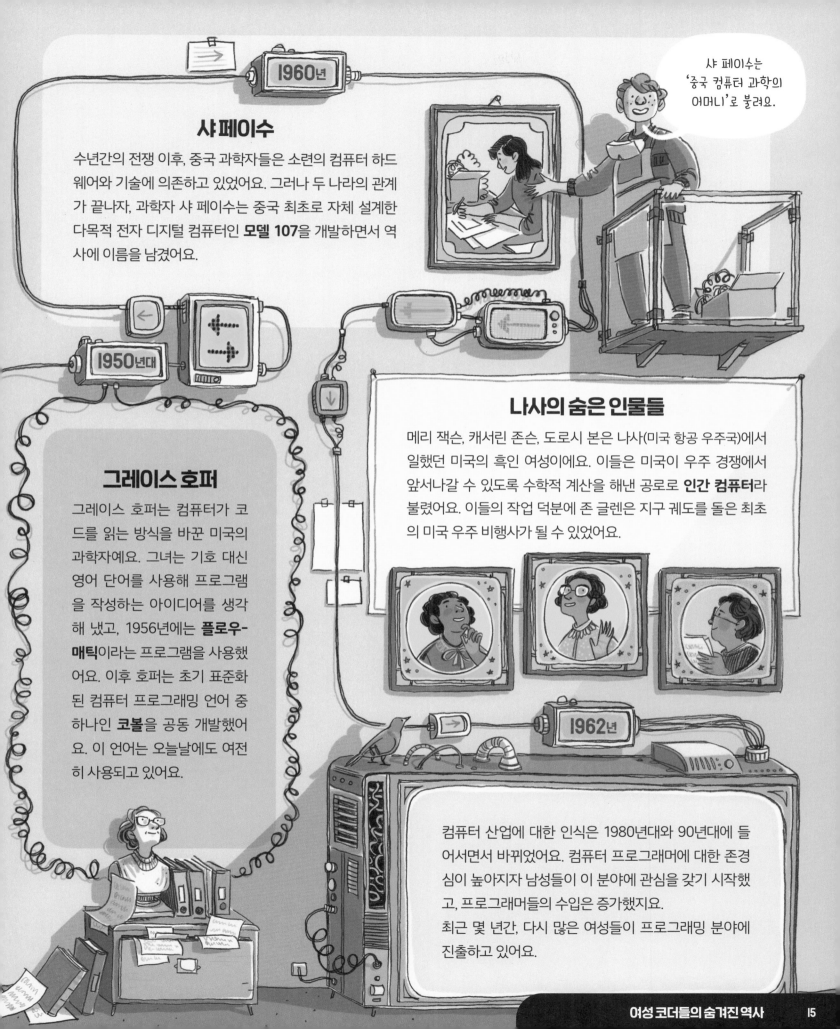

샤 페이수

수년간의 전쟁 이후, 중국 과학자들은 소련의 컴퓨터 하드웨어와 기술에 의존하고 있었어요. 그러나 두 나라의 관계가 끝나자, 과학자 샤 페이수는 중국 최초로 자체 설계한 다목적 전자 디지털 컴퓨터인 **모델 107**을 개발하면서 역사에 이름을 남겼어요.

1960년

1950년대

샤 페이수는 '중국 컴퓨터 과학의 어머니'로 불려요.

나사의 숨은 인물들

메리 잭슨, 캐서린 존슨, 도로시 본은 나사(미국 항공 우주국)에서 일했던 미국의 흑인 여성이에요. 이들은 미국이 우주 경쟁에서 앞서나갈 수 있도록 수학적 계산을 해낸 공로로 **인간 컴퓨터**라 불렸어요. 이들의 작업 덕분에 존 글렌은 지구 궤도를 돈 최초의 미국 우주 비행사가 될 수 있었어요.

그레이스 호퍼

그레이스 호퍼는 컴퓨터가 코드를 읽는 방식을 바꾼 미국의 과학자예요. 그녀는 기호 대신 영어 단어를 사용해 프로그램을 작성하는 아이디어를 생각해 냈고, 1956년에는 **플로우-매틱**이라는 프로그램을 사용했어요. 이후 호퍼는 초기 표준화된 컴퓨터 프로그래밍 언어 중 하나인 **코볼**을 공동 개발했어요. 이 언어는 오늘날에도 여전히 사용되고 있어요.

1962년

컴퓨터 산업에 대한 인식은 1980년대와 90년대에 들어서면서 바뀌었어요. 컴퓨터 프로그래머에 대한 존경심이 높아지자 남성들이 이 분야에 관심을 갖기 시작했고, 프로그래머들의 수입은 증가했지요.
최근 몇 년간, 다시 많은 여성들이 프로그래밍 분야에 진출하고 있어요.

전구 연구실
◇
반짝이는 아이디어!

1879년에 처음 발명된 전구는 사람들이 불을 이용하는 방법을 알게 된 이후 가장 중요한 발명품으로 손꼽혀요. 전구가 우리의 일상에 많은 영향을 끼쳤기 때문이죠. 전구의 발명으로 사람들은 더 오래 일할 수 있게 되었고, 어두운 밤에도 다양한 활동을 할 수 있게 되었어요. 또 집이 훨씬 안전해졌죠. 집을 환하게 밝히는 방법이 어떻게 변해 왔는지 함께 살펴보아요.

초기의 **촛불** 심지는 오늘날 우리가 사용하는 것처럼 불꽃 속으로 말리지 않고 점점 길어졌어요. 그래서 안전을 위해 자주 잘라야 했어요.

석유램프는 촛불처럼 심지가 있었지만, 왁스 대신 석유를 연료로 사용했어요. 밝기는 촛불 10개를 모은 정도였지요.

등유 램프는 석유램프보다 연료값은 더 저렴하면서 밝기는 더 환했어요. 그래서 누구나 사용하는 조명이 되었어요.

전기가 빛을 낼 수 있다는 사실이 밝혀지
자 최초의 **백열전구**가 만들어졌어요. 전
류가 필라멘트를 통과하면서 열을 내며
빛이 났어요.

나트륨등은 두 개의 전극을 사용해
튜브(관) 속 나트륨을 가열하여 작동
되었어요. 가열된 나트륨이 증발하
면서 노란빛을 볼 수 있었지요.

할로겐전구는 백열전구를 개량한 것
이에요. 할로겐전구가 나오면서 에너
지 효율이 높은 전구를 개발하기 위
한 움직임이 시작되었어요.

형광등은 유리 진공관
안에 특별한 가스를 넣
고 전기를 통하게 하면
빛을 밝혀요.

LED(발광 다이오드) 등은 전류가 흐를 때 빛을 내
는 장치예요. 오늘날 가정에서 가장 흔하게 사용하
는 조명이죠. 크리스마스트리를 밝히는 전구에도
사용돼요.

전기 배터리

전기 배터리가 발명되면서 전구를 만들 수 있게 되었어요. 이탈리아의 발명가 **알레산드로 볼타**는 전기를 발생시키는 실용적인 발명품인 볼타 전지를 개발했어요.

볼타 전지는 아연판과 구리판을 번갈아 가며 쌓고, 그 사이에 소금물에 적신 판지나 천을 넣어 만들었는데 구리 선을 양 끝에 연결하면 빛이 났어요. 이 배터리가 최초의 배터리로, 가장 초기의 백열전구 재료 중 하나였지요.

1800년

전구의 역사

최초의 전구는 백열전구로 알려져 있어요.
전구의 발명은 전기가 어떻게 빛을 낼 수 있는지 알아내고,
사용 가능한 자원을 개발하고,
전구의 디자인을 완성하는 순으로 진행되었어요.

에디슨의 전구

대서양 건너편에서도 다른 발명가들이 전구를 개발하고 있었어요. 미국의 발명가 **토머스 에디슨**은 스완의 전구와 비슷한 탄소 필라멘트 전구를 발명했어요. 하지만 에디슨은 필라멘트를 더 가늘게 만들어 적은 전류만으로도 빛을 낼 수 있도록 했어요.

스완은 에디슨의 개선 사항을 받아들여 자신의 전구를 보완했어요!

1879년

에디슨은 완벽한 필라멘트를 찾기 위해 수염 같은 다양한 재료를 실험했어요!

필라멘트는 한 고리의 가는 탄소선으로 만들어졌어요. 전기가 통할 때 빛나요.

전구 내부는 **부분 진공** 상태였어요. 부분 진공 상태는 산소를 포함해서 공기가 거의 없는 상태를 말해요. 산소를 없애면 필라멘트는 불이 붙지 않고 뜨거워질 수 있어요.

에디슨의 전구는 어떻게 작동할까요?

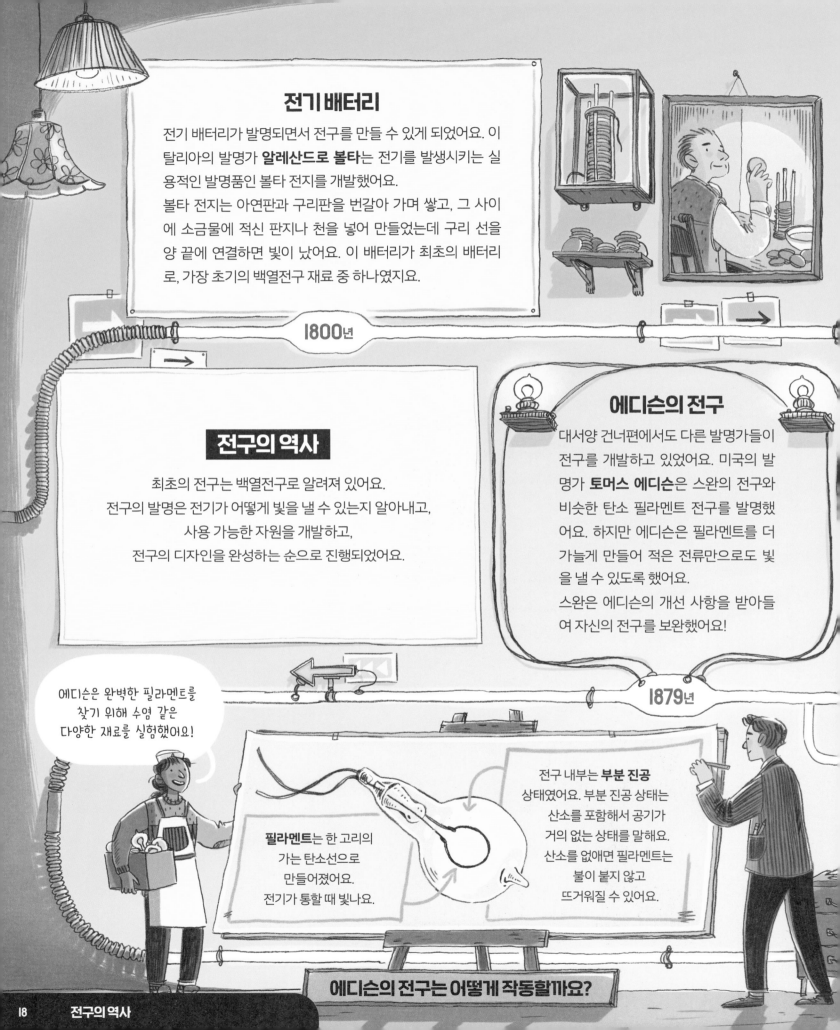

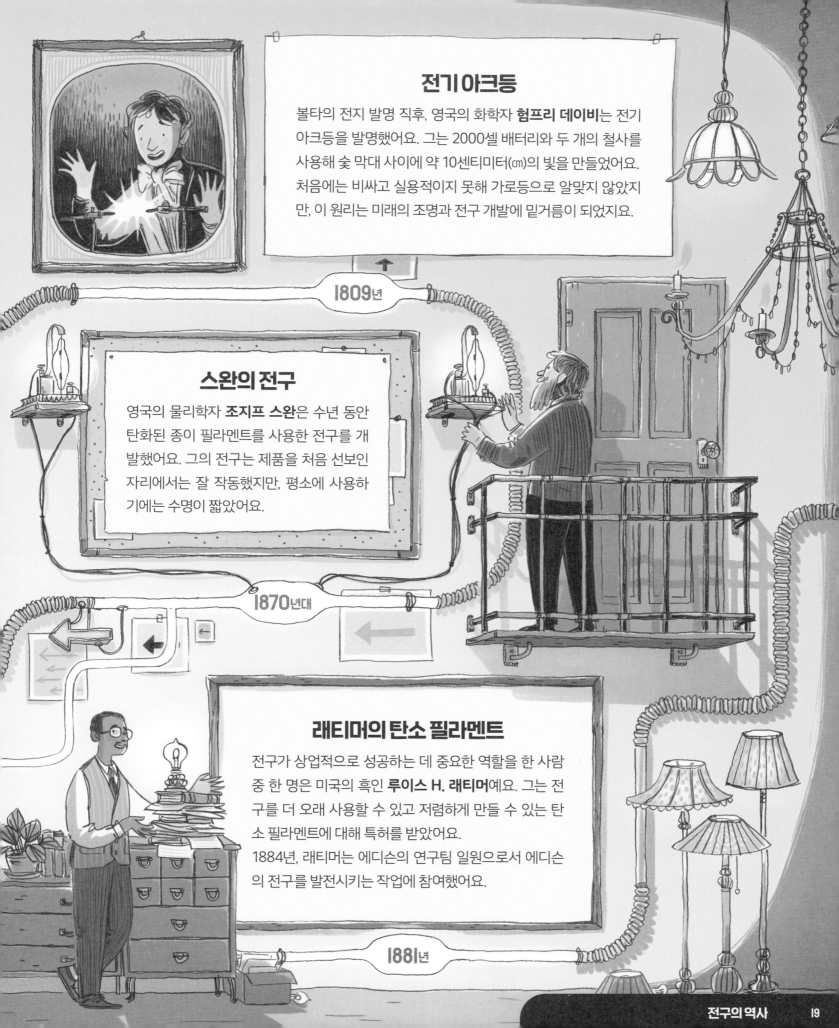

전기 아크등

볼타의 전지 발명 직후, 영국의 화학자 **험프리 데이비**는 전기 아크등을 발명했어요. 그는 2000셀 배터리와 두 개의 철사를 사용해 숯 막대 사이에 약 10센티미터(㎝)의 빛을 만들었어요. 처음에는 비싸고 실용적이지 못해 가로등으로 알맞지 않았지만, 이 원리는 미래의 조명과 전구 개발에 밑거름이 되었지요.

I809년

스완의 전구

영국의 물리학자 **조지프 스완**은 수년 동안 탄화된 종이 필라멘트를 사용한 전구를 개발했어요. 그의 전구는 제품을 처음 선보인 자리에서는 잘 작동했지만, 평소에 사용하기에는 수명이 짧았어요.

I870년대

래티머의 탄소 필라멘트

전구가 상업적으로 성공하는 데 중요한 역할을 한 사람 중 한 명은 미국의 흑인 **루이스 H. 래티머**예요. 그는 전구를 더 오래 사용할 수 있고 저렴하게 만들 수 있는 탄소 필라멘트에 대해 특허를 받았어요.
1884년, 래티머는 에디슨의 연구팀 일원으로서 에디슨의 전구를 발전시키는 작업에 참여했어요.

I88I년

대릴 채핀, 캘빈 풀러, 제럴드 피어슨

뉴욕의 벨 연구소에서 함께 일하던 대릴 채핀, 캘빈 풀러, 제럴드 피어슨은 최초의 실용적인 **실리콘 태양 전지 배터리**를 개발했어요. 대부분의 초기 태양 전지들은 셀레늄을 사용했지만, 이들의 태양 전지는 실리콘을 사용하여 햇빛을 전기로 변환하는 효율이 5배나 높아졌어요. 덕분에 태양 전지는 실생활에서 사용할 수 있게 되었고, 태양광 조명이나 위성을 작동시키는 데에도 쓰이게 되었지요.

1954년

빛나는 아이디어

전구가 발명된 이후, 호기심 많은 과학자들은
계속해서 빛을 좀 더 새롭고, 중요하게 사용할 수 있는
방법은 없는지 연구하고 있어요.
오늘날 빛은 와이파이에 사용되거나
응급 상황에 놓인 사람들을 돕는 등
다양한 방식으로 활용되고 있지요.

나카무라 슈지

일본의 기술자 나카무라 슈지는 최초의 **파란색 LED**를 개발한 팀을 이끌었어요. 이 발명은 LED 기술의 큰 돌파구가 되었고, 빨강, 초록, 파랑 빛을 조합한 흰색 LED의 발명으로 이어졌지요.
LED 분야에서 세운 큰 공로로 나카무라는 두 명의 동료와 함께 2014년 노벨 물리학상을 받았어요.

1993년

앨리스 천

한국계 미국인 발명가 앨리스 천은 스스로 부풀어 오르는 **휴대용 태양광** 램프인 솔라퍼프를 발명했어요. 이 램프는 태양광으로 충전되며, 8시간 동안 충전하면 12시간 동안 빛을 낼수 있어요. 전기가 안정적으로 공급되지 않는 지역이나 자연재해로 인해 복구 중인 지역에서 유용하게 사용할 수 있지요.

2010년

닉 홀로니악

미국의 기술자 닉 홀로니악은 전류가 흐를 때 빨간빛을 내는 반도체 합금을 개발하여 최초의 **가시광선 LED**를 발명했어요. 그의 발명은 조명, 디스플레이(정보를 눈으로 볼 수 있게 화면에 출력하는 표시 장치) 및 통신에 널리 사용되는 **현대 LED 기술** 개발의 길을 열었어요.

1962년

1976년

에드워드 E. 해머

제너럴 일렉트릭 회사의 연구원 에드워드 E. 해머는 형광등을 나선형으로 구부리는 방법을 찾아내어 최초의 **소형 형광등**을 만들었어요. 이 전구는 백열전구보다 수명이 10배 더 길었고, 에너지 효율도 4배나 높았어요. 비쌌던 가격이 1990년대에 이르러 낮아지자 널리 사용되었어요.

해럴드 하스

독일의 대학 교수 해럴드 하스는 **라이파이**를 개발했어요. 이 기술은 LED 조명을 무선 인터넷 공유기처럼 사용하게 해 줘요.
라이파이는 와이파이보다 범위가 짧지만, 속도는 최대 100배 빨라요!

라이파이는 벽을 통과하지 않기 때문에 해킹할 수 없는 기술이에요!

2011년

시계공의 작업실
시간이 시작된 곳!

기원전 1500년의 고대 해시계부터 1969년의 첫 수정(쿼츠, 투명한 석영을 뜻하는 광물) 손목시계까지, 지난 3500년 동안 시계는 다양한 모습으로 발전해 왔어요. 이 시계들은 시간을 측정할 수 있게 해 주었고, 바다의 너비를 계산하거나, 언제 자고 놀아야 할지 알려 주었지요.

가장 오래된 **해시계**는 고대 이집트인들이 만들었어요. 그들은 하늘에서 태양의 위치를 추적해 시간을 알아냈어요.

물의 흐름을 이용해 시간을 측정하는 **물시계**가 있었어요. 아메리카 원주민들 중에는 그릇이 잠길 때까지 구멍을 통해 물을 넣어 시간을 알아내는 이들도 있었지요.

인도에서 시작된 것으로 추측되는 **향 시계**는 6세기경 중국에서 사용되었어요. 송나라 시기인 10세기 중반에는 절에서 사용되었고, 향을 태워 시간을 측정했지요.

8세기에 프랑스의 한 수도사가 발명한 **모래시계**는 시계를 뒤집을 때마다 한 시간이 흘렀음을 알 수 있었어요.

진자시계는 좌우로 흔들리는 진자라는 시계추를 사용해요. 진자시계는 오랫동안 세계에서 가장 정확한 시계였지요.

진자는 오늘날까지 여전히 **괘종시계**에 달려 있어요.

태엽 시계는 집에서 사용된 최초의 시계 중 하나예요. 크기가 작아서 탁자 위에 놓을 수 있었죠. 태엽을 감고 풀면서 태엽의 힘을 이용해 서로 맞물려 돌아가는 톱니바퀴인 기어를 돌렸어요.

전기 시계는 모터에 의해 작동돼요. 모터는 전원과 연결되어 기어를 돌려 시곗바늘을 움직이죠.

원자시계의 발명으로 시간은 더욱 정확하게 측정할 수 있게 되었어요. 원자는 일정한 주기로 특정한 신호를 보내는데, 원자시계는 그 신호를 이용해 시간이 얼마나 지났는지 알 수 있어요.

수정은 **손목시계**를 포함한 많은 시계에 사용돼요. 작은 배터리에서 나오는 전기가 수정에 전달되면, 수정이 아주 일정한 속도로 빠르게 떨려요. 이 떨림 덕분에 시곗바늘은 1초마다 일정하게 움직여요.

시계의 역사 ❶

천문학자들이 만든 물시계부터 멋진 코끼리 시계까지⋯⋯.
옛날에 사용하던 이 시계들은 집이나 일터,
심지어 바다에서도 시간을 효율적으로
사용할 수 있게 해 줬어요.

물시계

이슬람의 수학자 **이븐 알하이삼**은 24시간 동안 물이 천천히 들어가면서 가라앉는 원통형 물시계를 설명했어요. 이 시계에 연결된 줄이 원반을 돌렸는데, 원반은 24부분으로 나뉘어 있어 시간이 지나는 것을 보여 줬어요.

1011~21년

진자시계

네덜란드의 수학자 **크리스티안 호이겐스**는 최초로 작동하는 진자시계를 발명했어요. 그는 매초마다 계속해서 움직이는 진자를 사용해 더 정확한 시계를 만들고 싶어 했지요.

1656년

진자시계는 어떻게 작동할까요?

시간 조절 장치는 일정한 시간 간격으로 진자가 계속 흔들리도록 해요. 이 장치는 시계 속 톱니바퀴가 조금씩 움직이며 시간을 맞추게 해 주지요.

톱니바퀴는 시계 안 태엽에서 나온 힘을 이용해 시계가 올바른 속도로 움직이게 해 줘요.

이탈리아의 과학자 갈릴레오도 진자에 관해 연구했어요.

시계판은 시간 조절 장치가 얼마나 자주 회전했는지를 표시해 시간을 알려 줘요. 시곗바늘을 통해 시간을 볼 수 있지요.

태엽은 하루 동안 천천히 힘을 내보내면서 시계를 움직이게 해 줘요.

진자는 시계의 속도를 일정하게 유지해 줘요.

코끼리 시계

이슬람의 기술자 **알자자리**는 코끼리 모양의 독특한 시계를 발명했어요. 시계의 핵심 장치는 코끼리 모형 안에 있었어요. 물이 구멍을 통해 천천히 내려가 숨겨진 물탱크로 들어가면 여러 가지 장치가 작동해 30분이 지났다는 것을 알려 줬어요.

탑 시계

세계 최초의 기계식 시계는 14세기 유럽에서 만들어진 탑 시계로 알려져 있어요. 이 시계는 현대의 시계처럼 시계판이나 시곗바늘이 없었어요. 대신 **종을 쳐서** 시간을 알렸어요.

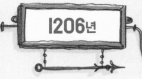

1206년

1300년대

태엽 시계

독일의 자물쇠 제작자 **페터 헨라인**이 태엽 시계를 발명해 시계를 주머니에 넣고 다닐 수 있게 되었어요. 하지만 이 시계는 아주 정확하지는 않았어요. 태엽이 완전히 감겨 있을 때는 시간이 빨리 가고, 어느 정도 풀려 있을 때는 천천히 갔지요.

1500~10년

해상 시계

진자를 이용한 시계는 육지에서는 정확했지만, 바다에서는 그렇지 못했어요. 영국의 목수 **존 해리슨**은 바다에서도 정확하게 시간을 알 수 있는 시계를 발명했어요.

나무로 만든 시계

미국의 흑인 자연주의자 **벤저민 배네커**는 미국에서 처음으로 모든 것이 나무로 된 시계를 만들었어요. 이 시계는 수십 년 동안 정확하게 시간을 알려 줬어요.

1735년

1752년

시계의 역사 ❷

시간을 측정한다는 것은 수세기 동안 사람들의 관심사였어요.
18세기에 이르러서는 시계 자체가 중요한 과학 도구로 여겨지며
더욱 발전했고, 오늘날 시간의 가치는 사회가
그 중요성을 강조하면서 더 높아졌지요.

캐리지 시계

캐리지 시계는 스위스 출신의 시계 제작자인 **아브라함 루이 브레게**가 프랑스 황제 나폴레옹을 위해 발명했어요. 이 시계는 황동 상자에 보관되었으며, 달의 모양 변화를 보여 줄뿐만 아니라 날짜, 월, 연도를 표시하는 시계판을 가지고 있었지요. 부유한 사람들의 장거리 여행을 위한 시계였어요.

1812년

전기 시계

스코틀랜드의 시계 제작자 **알렉산더 베인**은 기존의 태엽 방식이 아닌 전류로 작동되는 최초의 전기 시계로 특허를 받았어요.

1841년

회중시계는 18세기 후반 산업 혁명의 영향으로 널리 사용되었어요. 철도가 발전하면서 기차 운전사들에게 시간 관리는 매우 중요해졌지요. 정해진 '철도 시간'에 맞춰 운행을 해야 열차 충돌을 피할 수 있었기 때문이에요.

보르젤 참호 시계

보르젤 참호 시계는 제네바 출신의 사업가 **프랑수아 보르젤**이 특허를 받았어요. 이 시계는 20년 후 제1차 세계 대전 동안 인기를 끌었어요. 군인들이 주머니에 있던 회중시계를 꺼낼 필요 없이 손목을 돌려 시간을 확인할 수 있었기 때문이죠.

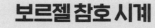

1891년

1892년

그리니치 시간 부인

19세기 초 런던에서는 시계를 사용하는 사람들이 점점 더 많아지고 있었어요. 하지만 모두가 같은 기준 시간에 맞춰야만 쓸모가 있었지요.
루스 벨빌은 48년 동안 매일 그리니치 왕립 천문대의 시계를 기준으로 자신의 회중시계를 맞추고, 런던 상인들에게 시간 정보를 팔아 정확한 시간 관리를 도왔어요.

> 루스는 1836년부터 부모님께 물려받은 시계를 가지고 다녔어요.

1927년

수정 시계(쿼츠 시계)

1880년 프랑스의 물리학자 형제인 **자크 퀴리**와 **피에르 퀴리**는 수정이 전기를 받으면 아주 규칙적으로 떨린다는 사실을 발견했어요. 그로부터 약 50년 후, 배터리로 작동되는 첫 번째 수정 시계가 발명되었어요. 이 시계는 일정한 주파수로 진동을 만들어 시간을 정확하게 측정할 수 있었어요.

1955년

원자시계

원자를 사용하여 시간을 측정할 수 있다는 아이디어는 1879년에 처음 제안되었어요. 그로부터 76년 후, 영국의 물리학자 **루이스 에센**이 정확한 원자시계를 최초로 만들었어요.
오늘날 원자시계는 정확성과 신뢰성으로 인해 GPS 내비게이션 시스템에서 매우 중요한 역할을 해요.

항해사의 숙소
◇
길을 찾는 방법

어느 방향으로 가고 있나요? 친구 집으로 걸어가든, 다른 나라로 비행기를 타고 가든 어느 방향으로 가야 하는지 아는 것이 중요해요.

기원전 206년경 최초의 자기 나침반을 사용한 때부터 2000년 후 GPS를 통해 정확한 위치를 알 수 있게 될 때까지, 우리는 오랜 시간에 걸쳐 길을 찾는 방법을 배워 왔어요.

옛날 항해사와 탐험가들은 **천문 항법**을 사용했어요. 천문 항법은 별과 태양의 위치를 보고 방향을 찾는 방법을 말해요.

한나라 시기(기원전 206년 ~ 기원후 220년), 중국 사람들은 자석 성질을 가진 천연 광물인 **자철석**을 이용해 초기 형태의 나침반을 발명했어요.

자기 나침반은 중심점에 매달려 있는 자석으로 된 바늘이 북극 방향을 알려 줘요.

프리즘 나침반은 프리즘과 거울을 사용하여 땅의 모양이나 땅 위의 건물 등과 함께 나침반 바늘을 볼 수 있어요.

19세기 중반, **액체 충전 나침반**이 발명되었어요. 이 나침반은 자석 바늘이 매달려 있는 통에 액체를 담아, 바늘의 흔들림을 줄여 주었어요. 바다 위 파도에 흔들리는 배에서 특히 유용했지요!

배와 잠수함에서 자주 사용하는 **회전 나침반**은 지구의 회전을 이용해서 북쪽을 찾아요.

베이스플레이트 나침반은 납작한 네모난 판에 나침반을 붙인 것으로, 작고 사용하기 쉬워서 등산객들에게 인기가 높아요.

엄지 나침반은 엄지손가락에 끼워 사용하는 작고 가벼운 나침반이에요.

1950년대에 **GPS 기술**이 개발되기 시작했어요. GPS는 인공위성 신호를 이용한 내비게이션 도구로, 전 세계 위치 확인 시스템을 말해요. 이 기술은 매우 정확하고 실시간으로 위치를 알 수 있어요.

스푸트니크호 추적

미국의 과학자들은 러시아의 인공위성인 스푸트니크를 관찰하는 동안, 위성에서 보내는 **전파 신호**의 주파수가 위성이 가까워질수록 높아지고, 멀어질수록 낮아지는 현상을 발견했어요. 이 현상은 도플러 효과라고 불리며, 과학자들이 위성의 위치를 추적하는 데 큰 도움이 되었어요.

1957년

위성 항법의 역사

옛날 사람들은 하늘을 보며 방향을 찾았어요.
오늘날에도 방향을 찾을 땐
여전히 하늘에서 정보를 얻지만,
별 대신 인공위성에서 정보를 얻어요.

더 광범위한 활용

미국의 대통령이었던 로널드 레이건은 GPS를 **군대 외에서도 사용**할 수 있도록 했어요. 항공 교통 안전과 항법을 향상하기 위함이었죠. 하지만 가장 정확한 신호는 여전히 암호화되어 군사용으로만 사용되었어요.
2000년에는 중국(베이더우)이, 2016년에는 유럽 연합(갈릴레오)이 위성 항법 시스템을 개발했어요.

1983년

과학자들은 상어의 움직임을 추적하고 연구하기 위해 GPS 추적 장치를 사용해요.

실시간으로 확인할 수 있는 위치

암호가 풀린 가장 정확한 GPS 신호가 일반인에게 공개되었어요. 핸드폰이나 자동차 같은 **GPS 수신기**는 최소 4개의 인공위성으로부터 받은 무선 신호를 사용해 자신의 위치를 계산해요. 수신기는 신호가 보내진 시각을 알아낸 후, 그 시각과 현재 시각의 차에 빛의 속도를 곱하여 위치를 계산하죠.

1990년대

트랜싯 위성

첫 번째 항법 위성인 트랜싯이 성공적으로 발사되었어요. 존스 홉킨스 대학교 응용물리학 연구소에서 개발된 트랜싯은 1968년까지 **36개의 인공위성**을 운영했으며, 약 25미터 이내의 위치 정보 정확도를 지녔어요.

3차원 위치 정보의 시작

미국인 제임스 우드포드와 나카무라 히데요시는 4개의 인공위성을 이용해 **3차원 위치**를 측정하는 시스템을 만들었어요. 이전에는 2차원 정보만 알 수 있었어요.

1960년

1966년

나브스타

미국 군대를 위해 나브스타라는 첨단 위성 항법 시스템이 도입되었어요. 매우 정확한 원자시계가 들어 있는 인공위성을 사용해 신호를 보내고, 수신기들은 그 신호를 받아 시간을 계산해 위치를 알아냈어요. 이후 이 시스템은 **GPS**로 이름이 바뀌었어요.

1970년대

항법 위성은 어떻게 작동할까요?

수많은 **인공위성**이 지구 주변을 돌고 있어요. 이 위성들은 매우 정확한 원자시계를 사용해 신호를 보내고, 수신기가 그 신호를 받아 시간과 위치를 계산해요.

지상의 **관제소**는 항법 위성들을 추적하고 관찰하며, 정보를 보내고 명령을 내려요.

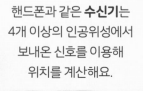

핸드폰과 같은 **수신기**는 4개 이상의 인공위성에서 보내온 신호를 이용해 위치를 계산해요.

알렉산드리아의 히파티아

그리스의 수학자이자 천문학자인 알렉산드리아의 히파티아는 **아스트롤라베**라는 기구를 만들었어요. 이 기구는 하늘에 있는 천체의 위치를 측정하는 데 사용되었고, 항해와 천문학에서 중요한 역할을 했어요.

서기 **400**년경

항법 분야에서 활약한 여성들

천문학, 수학, 컴퓨터 분야에서
여성들의 연구와 업적은
나침반과 GPS 같은 도구 개발과
항법 분야 발전에 많은 기여를 했어요.

캐롤라인 허셜

캐롤라인 허셜은 독일 태생의 영국 천문학자로, 항해에 사용되는 **별자리 목록**을 만들었어요. 그녀는 혜성을 발견한 최초의 여성이기도 해요.

1798년

글래디스 웨스트는 GPS 개발에 기여했지만, 내비게이션보다 종이 지도를 더 좋아해요!

글래디스 웨스트

미국의 흑인 수학자 글래디스 웨스트는 **GPS** 개발에 크게 기여했어요. 그녀는 지구의 모양과 중력이 GPS에 어떻게 영향을 끼치는지 연구해 GPS를 더 정확하고 신뢰할 수 있게 만들었지요. 2018년, 그녀는 공군 우주 및 미사일 개척자를 기리는 명예의 전당에 올랐어요.

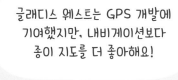

1970~80년대

자넷 테일러

영국의 천문학자이자 수학자인 자넷 테일러는 다양한 분야에서
활약해서 **다재다능한 제인**으로 불렸어요. 그녀는 지구가 완전한
구가 아니라 타원 모양이라는 중요한 사실을 발견했는데, 이 발견
은 상세한 지도를 제작하는 데 매우 중요한 역할을 했어요.

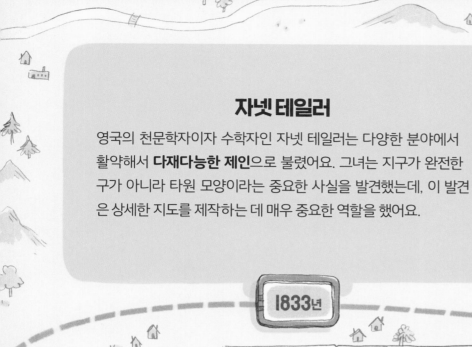

1833년

헤디 라마

헤디 라마는 오스트리아 태생의 미국 배우이자 발명가로, 제2차 세계 대전 중에
주파수 도약 시스템을 발명했어요. 이 시스템은 피아노 롤(자동으로 피아노를 연주
하기 위해 종이 등에 구멍을 뚫어 곡의 정보를 담아 놓은 것)을 이용하여 여러 무선 주
파수를 빠르게 바꿔서 적이 신호를 탐지하거나 방해하지 못하게 했어요.
비록 이 기술은 전쟁 중에 사용되지 않았지만, 나중에 무선 통신과 GPS 같은 다른
기술에 활용되었어요.

1942년

오늘날 우리는 우주 기반의 항법 시스템을 이용해
위치를 알아내요. 이 시스템은 적외선 스캐너와 함께
산불을 감시하고 재난 구조 작업을 위한
지도를 만드는 데 도움을 주지요.
이 시스템이 없었다면 우리는 길을 잃었을 거예요!

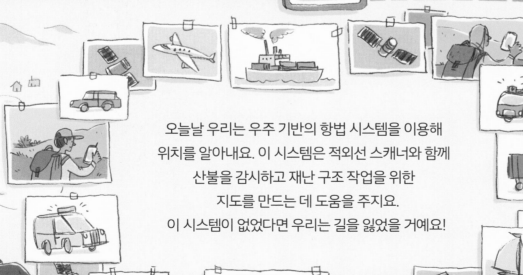

엔진실

◇

앞으로 나아가는 힘

오늘날 우리 주변에는 많은 엔진이 있어요. 자동차나 비행기 속에 숨어 있어 보이지 않는 경우도 있지만, 그 소리는 들을 수 있지요. 에너지를 기계의 움직임으로 바꾸는 장치인 엔진이 발명되면서 1769년에 와트의 증기 기관이나 1897년에 디젤 기관 같은 기계가 만들어졌어요. 이 엔진들은 여러 가지 용도로 그 힘을 효율적으로 제공했죠. 다양한 엔진을 만날 준비가 되었다면 이제 함께 살펴볼까요?

가장 오래된 엔진 중 하나는 1세기에 알렉산드리아의 헤론이 발명한 **아에올리스의 공**이라는 기계예요.

노리아는 페르시아에서 사용한 물레바퀴로, 바구니가 달린 바퀴를 돌려 강이나 시냇물에서 물을 퍼 올렸어요.

트레뷰셋은 긴 막대기를 이용해 물체를 던져 성을 공격하는 강력한 무기였어요.

대기압 기관은 대기의 압력을 이용해 물을 퍼 올리는 최초의 증기 기관이에요. 증기로 실린더 안을 진공 상태로 만들면, 공기가 들어오면서 피스톤을 움직여 힘을 만들어 냈어요.

나중에 나온 **증기 기관**들은 공장과 방앗간에
서 여러 가지 기계를 움직이는 데 사용되었고,
기차나 증기선 같은 탈것에도 사용됐어요.

증기 기관의 자리는 점차 **내연 기관**이 차지했어
요. 내연 기관은 연료와 공기를 섞어 기계가 움직
일 수 있는 힘을 만들어 냈죠.

전기식 시동 장치는 자동차 산업에 큰 변화를 가져왔어요. 이제
더 이상 시동을 걸 때 손으로 막대를 돌릴 필요가 없어졌어요. 이
전에는 자동차에 시동을 걸려면 막대를 양손으로 힘껏 돌려야
했지요.

제트 기관은 압축된 공기에 연료를 섞어
불을 붙인 다음, 이때 생긴 뜨거운 가스를
빠르게 내보내면서 비행기가 앞으로 갈 수
있게 해 줘요.

로켓 엔진은 연료와 산소를 섞어 폭발시켜
우주선을 우주로 쏘아 올려요. 강한 폭발
로 생긴 뜨거운 가스가 작은 구멍을 통해
나가면서 힘을 만들어 내는 것이죠.

엔진의 역사

증기 기관은 100년 넘게
엄청난 발전을 이뤘지만,
기술은 곧 다른 방향으로 나아갔어요.
내연 기관이 발명된 후
세상은 예전과 완전히 달라졌어요.

증기 기관은
연료를 태워 물을 데우고,
그 물에서 생긴 증기가
기계에 필요한 힘을 제공해요.

1698년

최초의 증기 기관

영국의 기술자 **토머스 세이버리**는 최초의 증기 기관을 발명했어요. 이 엔진은 석탄 광산에서 물을 퍼내는 데 사용되었는데, 얕은 곳에서만 물을 퍼낼 수 있었어요.

대기압 기관

영국의 발명가 **토머스 뉴커먼**은 세이버리의 증기 기관을 개선했어요. 하지만 그의 발명품은 완벽하지 않았어요. 피스톤을 움직이려면 공기의 팽창과 수축을 이용해야 했는데, 이때 실린더를 뜨겁게 했다가 식히는 과정을 반복해야 해서 연료가 많이 낭비됐거든요.

1712년

현대의 증기 기관

스코틀랜드의 기술자 **제임스 와트**는 뉴커먼의 증기 기관을 더 효율적으로 만들었어요. 그는 증기의 열을 식히는 별도의 실린더를 만들어, 엔진 전체를 식히지 않고도 수축된 증기를 사용할 수 있게 했어요.

1769년

100년 이상 증기는 엔진을 움직이게 하는 가장 중요한 자원이었어요. 하지만 증기 기관은 수리비와 연료비가 많이 들었기 때문에 점차 내연 기관이 그 자리를 차지하게 되었어요.

내연 기관은 연료를 태웠을 때 생기는 열이 직접 기계를 움직이는 힘으로 작용해요.

내연 기관

최초의 선박 기관

프랑스의 발명가 **니세포르 니엡스**와 그의 형제 **클로드**는 최초의 선박용 엔진인 피레올로포르에 대한 특허를 받았어요. 이 엔진은 먼지 폭발을 이용해 힘을 만들었고, 프랑스의 손강에 띄운 배에 사용되었어요.

1807년

최초의 자동차 기관

프랑스 태생의 스위스 군인 겸 발명가인 **프랑수아 아이작 드 리바즈**는 수소를 연료로 사용하는 내연 기관을 발명하고, 그것을 바퀴 달린 차량에 설치했어요.

특허는 리바즈가 받았지만, **에티엔 르누아르**라는 벨기에 태생의 프랑스 기술자가 50년 후 이 엔진을 상업적으로 성공시켰어요.

1808년

4행정 내연 기관

독일의 기술자 **니콜라우스 오토**는 4행정(행정: 피스톤이 한 번 내려가거나 올라가는 것) 방식으로 연료를 태우는 가솔린 기관을 발명했어요. 이 엔진은 사이클(흡입-압축-폭발-배기)을 한 번 회전하고 가속 페달을 밟으면 다시 반복돼요.

1876년

1892~97년

디젤 기관

독일의 기술자 **루돌프 디젤**의 이름을 딴 디젤 기관은 가솔린 기관보다 더 효율적이었어요. 디젤 기관은 공기를 압축한 후 연료를 압축된 공기에 넣어요. 이때 압축된 공기의 열로 인해 연료가 자동으로 불에 탔기 때문에 연료에 불을 붙이는 장치가 필요 없었어요.

공장 작업

도시와 마을은 공장 주변에서 발전했어요. **와트**의 증기 기관은 공장 주변에 사는 많은 사람들의 삶의 기반이 되었죠. 증기 기관의 힘으로 움직였던 공장들은 지역과 국가의 발전을 이끌었어요. 하지만 긴 노동 시간, 안전하지 않은 환경, 낮은 임금 같은 문제도 많았어요.

1800년대

엔진이 바꾼 세상

증기 기관이 발명되기 전에는
모든 것이 동물이나
사람의 힘으로 움직였어요.
기차나 공장을 움직이기 위해
얼마나 많은 말이 필요했을지 상상해 보세요.
증기 기관은 이 모든 것을 바꾸었어요.

육지에서도!

'철도의 아버지'로 알려진 영국의 토목 기술자 **조지 스티븐슨**은 증기 기관에 바퀴를 달았어요. 그의 발명품인 로코모션은 최초로 승객을 태운 기차였지요.

1825년

맥코이의 윤활 장치는 너무 인기가 많아서 사람들은 윤활 장치를 찾을 때 진짜 맥코이가 만든 것이 맞는지 물었어요. 그래서 '리얼 맥코이'라는 표현은 지금도 진짜나 정품을 의미할 때 쓰여요!

시간 절약

증기 기관은 일정한 시기마다 기름을 발라야 했지만, 움직이는 동안에는 기름을 바를 수 없어 자주 멈춰야 했어요. 미국의 흑인 기술자 **엘리자 J. 맥코이**는 기차가 움직이면서도 자동으로 기름칠을 할 수 있는 자동 윤활 장치를 발명했어요. 매우 효율적인 발명품이었죠.

1872년

와트의 증기 기관은 어떻게 작동할까요?

위아래로 흔들리는 **빔**은 두 번째 막대에 연결되어 있어요.

연결봉은 빔을 무거운 플라이휠에 연결해요.

톱니바퀴는 힘이 모이는 중심이에요.

무거운 **플라이휠**은 중요한 회전 운동을 제공해요.

빔의 한쪽을 밀어 주기 위해 **피스톤 막대**가 위아래로 움직여요.

실린더 안에는 피스톤이라는 장치가 있어요. 증기가 피스톤을 위아래로 밀어 주고, 그 움직임이 피스톤 막대로 전달돼요.

뜨거운 물에서 나온 증기가 **관**을 통해 엔진의 실린더로 들어가요.

해상 운송

증기선이 등장하기 전에는 대부분의 물건이 바람으로 움직이는 배로 운송되었어요. 이 배들은 날씨에 영향을 많이 받았어요. 하지만 **로버트 풀턴**의 클레몬트와 같은 증기선이 등장하면서, 강력한 엔진 덕분에 날씨와 상관없이 항해가 가능해졌어요.

1807년

대기 오염

산업 혁명은 1840년쯤 끝났지만, 그 영향은 엔진에서 나오는 연기로 인해 계속 이어졌어요. 다행히도 미국의 발명가 **메리 월튼**이 연기를 물탱크로 보낸 후 하수도로 흘려보내는 장치를 발명했어요. 그는 이 장치로 특허를 받았지요.

1879년

카메라 스튜디오

세상을 보는 방식의 변화

요즘은 스마트폰 덕분에 대부분의 사람이 언제나 카메라를 가지고 다녀요. 하지만 옛날에는 그렇지 않았어요. 카메라라는 단어는 라틴어 '카메라 옵스큐라'에서 왔어요. 이 말은 '어두운 방'이라는 뜻이에요. 사진을 담아내는 최초의 실험이 기원전 400년경에 어두운 방에서 이루어졌기 때문이죠. 자, 지금부터 세상을 보는 방식이 어떻게 변화해 왔는지 함께 들여다봐요.

초기에는 **카메라 옵스큐라**라는 아주 단순한 장치를 사용해, 실제 풍경이나 물체를 벽이나 표면에 비추었어요.

다게레오타입 카메라로 찍은 각각의 사진은 은으로 도금된 구리판에 새겨진 이미지예요.

코닥 카메라는 필름이 들어 있는 상자 모양의 간단한 카메라였어요.

당시 대부분의 카메라는 크기가 커서 삼각대에 고정시켜 사용했는데, **라이카**는 작고 가벼워서 밖에서 일하는 기자들에게 혁신적인 도구였어요.

일안 반사식 카메라는 거울과 프리즘을 사용해 사진을 찍기 전에 정확한 이미지를 볼 수 있도록 해 줬어요.

키네토그래프는 움직이는 사람이나 물체를 여러 장의 사진으로 기록했어요. 이 카메라는 1초에 40장까지 찍을 수 있었어요!

폴라로이드 카메라는 찍자마자 바로 인화되는 사진 덕에 인기를 끌었어요. 폴라로이드가 나오기 전에는 사진을 찍고 결과를 보기 위해 기다려야만 했거든요.

세계 최초의 디지털 카메라인 **후지 DS-1P**는 필름 대신 전자 칩에 이미지를 담아 좀 더 선명한 사진을 만들어 냈어요.

미러리스 카메라는 카메라 본체에 거울을 사용하지 않고 사진을 찍어요. 대신 전자식 보기 창을 통해 이미지를 디지털 방식으로 보여 줘요. 내부 구조가 단순해서 더 빠르고 조용하게 촬영할 수 있어요.

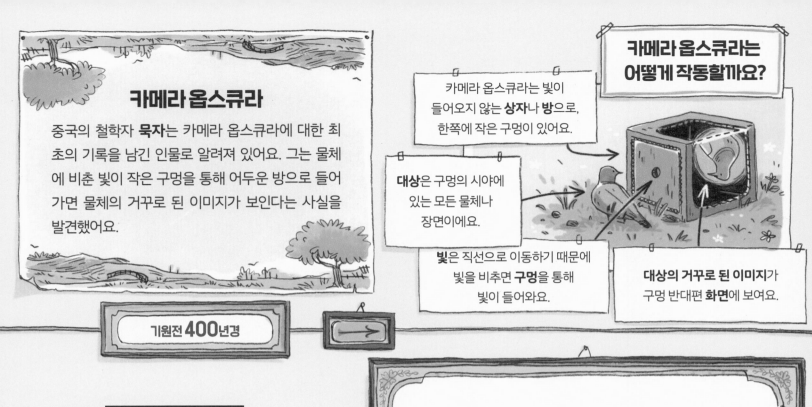

카메라 옵스큐라

중국의 철학자 **묵자**는 카메라 옵스큐라에 대한 최초의 기록을 남긴 인물로 알려져 있어요. 그는 물체에 비춘 빛이 작은 구멍을 통해 어두운 방으로 들어가면 물체의 거꾸로 된 이미지가 보인다는 사실을 발견했어요.

카메라 옵스큐라는 어떻게 작동할까요?

카메라 옵스큐라는 빛이 들어오지 않는 **상자**나 **방**으로, 한쪽에 작은 구멍이 있어요.

대상은 구멍의 시야에 있는 모든 물체나 장면이에요.

빛은 직선으로 이동하기 때문에 빛을 비추면 **구멍**을 통해 빛이 들어와요.

대상의 거꾸로 된 이미지가 구멍 반대편 **화면**에 보여요.

기원전 **400**년경

카메라의 역사

카메라의 역사는 고대 중국으로 거슬러 올라가요.
이 기술은 카메라 옵스큐라라는 간단한 장치에서 시작하여 이후 수 세기에 걸쳐 다양하게 발전했어요.

다게레오타입 카메라

니엡스가 사망한 후, **루이 다게르**는 은으로 코팅된 구리판을 카메라 옵스큐라의 빛에 노출시키면 수은 증기로 이미지를 얻을 수 있다는 사실을 발견했어요. 이 과정은 기존의 사진 완성 시간을 8시간에서 약 30분으로 줄여 주었어요!

1839년

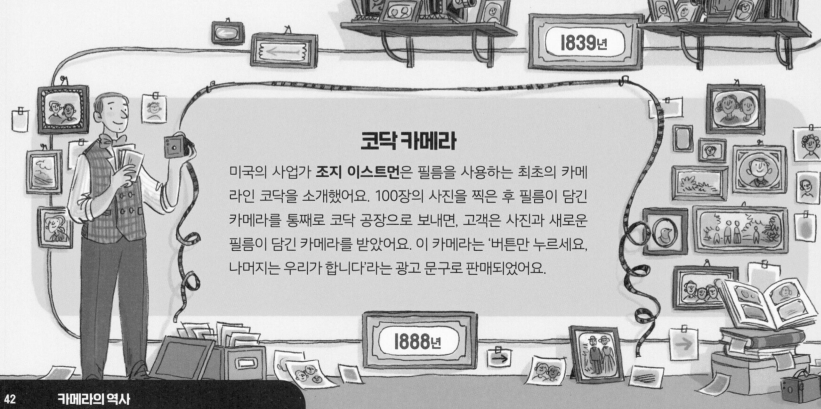

코닥 카메라

미국의 사업가 **조지 이스트먼**은 필름을 사용하는 최초의 카메라인 코닥을 소개했어요. 100장의 사진을 찍은 후 필름이 담긴 카메라를 통째로 코닥 공장으로 보내면, 고객은 사진과 새로운 필름이 담긴 카메라를 받았어요. 이 카메라는 '버튼만 누르세요, 나머지는 우리가 합니다'라는 광고 문구로 판매되었어요.

1888년

최초의 휴대용 카메라 옵스큐라

요한 잔은 독일의 수학자이자 과학자로, 휴대용 카메라 옵스큐라를 최초로 설계했어요. 그는 1685년에 펴낸 책에서 유리 렌즈와 거울, 상자를 사용하여 물체의 이미지가 거꾸로 비추는 원리를 그림으로 표현했어요. 하지만 그의 설계는 이론적인 개념에 머물렀고, 실제로 만들어지기까지는 150년이 더 걸렸어요.

1680년대

최초의 사진

프랑스의 발명가 **니세포르 니엡스**는 '유대 역청'이라는 특수한 천연 아스팔트를 녹여 용액을 만들고, 이 용액으로 주석판을 코팅했어요. 역청은 카메라 옵스큐라에서 빛을 받으면 굳어졌는데, 역청을 코팅한 주석판을 라벤더 기름으로 씻어 내면 빛이 닿지 않은 부드러운 역청은 제거할 수 있었죠. 이렇게 해서 얻은 사진이 세계 최초의 사진이에요.

1826년

카루더스의 카메라는 1972년 아폴로 16호의 달 탐사 임무에 사용되었어요!

극자외선 카메라

1960년대 후반, 우주 경쟁이 한창일 때 미국의 흑인 기술자 **조지 카루더스**는 자외선을 사용해 지구의 상층 대기, 별, 우주 가스를 연구하는 카메라를 개발했어요. 1970년 비행에서 이 카메라는 우주에서 수소 분자를 최초로 발견했어요!

최초의 디지털 카메라

코닥 회사의 기술자 **스티븐 J. 사손**은 최초의 디지털 카메라를 발명했어요. 이 카메라는 토스터 크기였고 선명하지 않은 흑백 사진만 찍을 수 있었지만, 디지털 사진의 길을 열어 주었어요.

1966년

1975년

렌즈 너머의 여성들

1920년대가 되자,
현대 여성의 새로운 모습이 나타나기 시작했어요.
여성들은 더 많은 독립과 자유를 얻게 되면서
카메라를 들고 세상에 나섰고,
여성 사진작가들은
실험적인 사진을 찍는 데 앞장섰어요.

도로시아 랭

도로시아 랭은 1920년대에 미국 캘리포니아주 샌프란시스코에서 인물 사진가로 활동했어요. 대공황이 일어나자 그녀는 자신의 사진관을 떠나 어려움을 겪는 사람들의 모습을 기록하기 시작했어요. 그녀의 사진 '이주민 어머니'는 세계에서 가장 유명한 사진 중 하나로 꼽혀요. 도로시아 랭은 사진을 **사회의 변화를 일으키는 도구**로 삼았답니다.

1920년대

게르마이네 크룰

독일에서 태어난 게르마이네 크룰은 **실험적인 사진 스타일을 개척**한 예술가예요. 파리에서 활동하는 동안, 1928년에 펴낸 사진집 《메탈》로 세상에 이름을 알렸어요. 이 사진집은 에펠 탑 같은 구조물을 일부만 확대해서 촬영하고, 남들은 시도해 보지 않은 각도로 사진을 찍은 것으로 유명해요.

1928년

비아라왈라는 당시 많은 사진 기자들이 좋아하던 렌즈가 두 개 달린 카메라를 사용했어요.

호마이 비아라왈라

호마이 비아라왈라는 1938년에 '봄베이 크로니클'이라는 신문사에 들어가면서 **인도의 첫 여성 사진 기자**가 되었어요. 1940년대 초에 인도의 수도인 뉴델리로 이사한 그녀는 카메라를 들고 자전거를 타는 모습이 자주 보였다고 해요. 그녀의 사진은 전국적으로 관심을 끌었고, 오랜 시간 인도의 중요한 역사적 순간들을 기록했어요.

1930년대

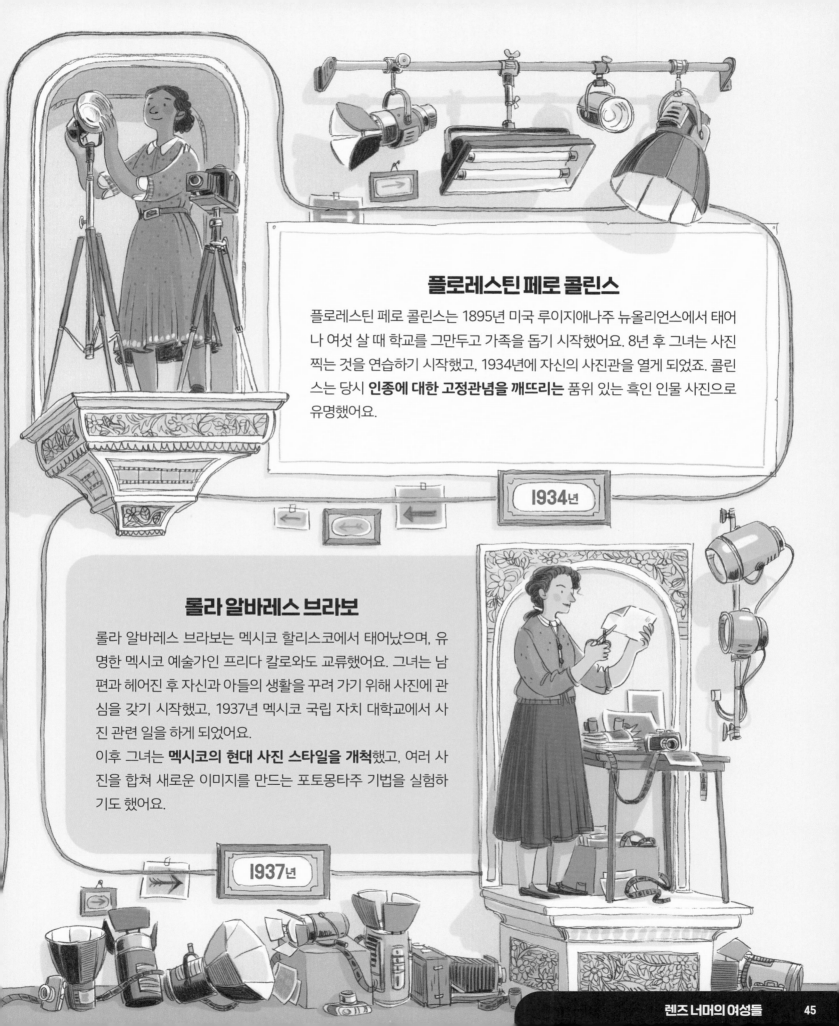

플로레스틴 페로 콜린스

플로레스틴 페로 콜린스는 1895년 미국 루이지애나주 뉴올리언스에서 태어나 여섯 살 때 학교를 그만두고 가족을 돕기 시작했어요. 8년 후 그녀는 사진 찍는 것을 연습하기 시작했고, 1934년에 자신의 사진관을 열게 되었죠. 콜린스는 당시 **인종에 대한 고정관념을 깨뜨리는** 품위 있는 흑인 인물 사진으로 유명했어요.

1934년

롤라 알바레스 브라보

롤라 알바레스 브라보는 멕시코 할리스코에서 태어났으며, 유명한 멕시코 예술가인 프리다 칼로와도 교류했어요. 그녀는 남편과 헤어진 후 자신과 아들의 생활을 꾸려 가기 위해 사진에 관심을 갖기 시작했고, 1937년 멕시코 국립 자치 대학교에서 사진 관련 일을 하게 되었어요.

이후 그녀는 **멕시코의 현대 사진 스타일을 개척**했고, 여러 사진을 합쳐 새로운 이미지를 만드는 포토몽타주 기법을 실험하기도 했어요.

1937년

음악 감상실

음악을 감상하는 새로운 방법

1887년에 발명된 그래머폰부터 오늘날의 스트리밍(음악 파일을 내려받거나 저장하지 않고 인터넷이 연결된 상태에서 바로 들을 수 있는 기술) 기기에 이르기까지, 우리가 음악을 듣는 방식은 많이 변해 왔어요. 예전에는 음악을 즐기려면 직접 공연을 보러 가거나 악기를 연주해야 했어요. 하지만 지금부터 소개할 기기들이 발명되면서 사람들은 언제 어디서나 음악을 들을 수 있게 되었어요.

최초의 음악 재생 기기인 **오르골**은 회전하는 원통이나 원반에 작은 바늘을 박아 소리를 냈어요.

축음기는 음악을 녹음하고 다시 재생할 수 있는 최초의 음악 재생 기기였어요.

그래머폰은 축음기의 일종이에요. 원통 대신 원반을 사용해 소리를 녹음하고 재생했어요. 이 원반은 나중에 레코드라고 불렸어요.

라디오는 사람들이 집에서 뉴스와 음악을 들을 수 있게 해 줬어요.

배터리로 작동하는 **붐 박스**는 스피커가 달려 있어, 동네 사람들이 모두 들을 수 있을 정도로 소리를 크게 들을 수 있었어요.

워크맨은 휴대용 음악 재생 기기로, 헤드폰을 끼고 카세트테이프를 넣어 음악을 들을 수 있었어요.

원 모양의 얇고 반짝이는 시디(CD)는 약 80분 분량의 음악을 저장할 수 있고, **시디플레이어**에 넣어 음악을 들을 수 있었어요.

엠피스리(MP3) 플레이어는 수천 곡의 음악을 담을 수 있는 휴대용 디지털 기기예요.

스마트폰을 이용하면 음악 스트리밍 서비스를 통해 원하는 노래를 쉽게 찾아 들을 수 있어요. 이제 전 세계 어디서든 누구나 음악을 쉽게 들을 수 있게 된 것이죠.

음악 재생 기기의 역사

요즘은 음악이 없는 집을 상상조차 하기 힘들지만, 예전에는 집에서 음악을 듣기 어려운 때가 있었어요. 1850년대부터 음악 재생 기기가 빠르게 발전하면서 지금과 같은 시대를 맞이할 수 있게 되었답니다.

포노토그라프

소리를 기록하는 역사는 프랑스의 발명가 **에두아르레옹 스콧 드 마르탱빌**이 만든 포노토그라프에서 시작되었어요. 포노토그라프는 진동하는 바늘을 사용해 소리 파동을 종이에 새겨 넣고, 이후 이를 연구할 수 있도록 기록했어요. 이 기계는 다른 발명가들에게는 도움이 되었지만, 녹음한 소리를 재생할 수 없어 상업적으로는 성공하지 못했어요.

I857년

그래머폰은 어떻게 작동할까요?

그래머폰은 작은 **바늘**이 레코드의 홈을 따라가며 소리를 읽어요.

바늘은 **사운드박스** 안의 진동판과 연결되어 있고, 이 진동판은 다시 나팔과 연결되어 있어요.

레코드는 **막대를 돌려** 회전시켰는데, 이 막대는 나무 상자 안에 있는 용수철 모터와 연결되어 있어요.

레코드가 돌면서 **홈**이 바늘을 좌우로 진동시켜요.

진동은 **진동판**으로 전달되어 소리를 내요.

소리는 **나팔**을 통해 흘러나와요.

라디오

이탈리아의 기술자 **굴리엘모 마르코니**는 무선 전파를 이용해 신호를 보내는 방법을 처음 발견했어요. 이 새로운 기술은 세상을 바꾼 통신 혁명을 가져왔지요. 이후 다른 과학자들이 마르코니의 발명을 더욱 발전시켰고, 1920년대에 이르러서는 많은 사람들이 개인용 라디오를 갖고 싶어 했어요. 이제 누구나 집에서 편안하게 음악과 뉴스를 들을 수 있게 되었죠.

1895년

축음기(포노그래프)

미국의 발명가 **토머스 에디슨**은 축음기를 발명했어요. 이 기계는 소리를 녹음하고 재생할 수 있는 첫 번째 장치였지요.

포노그래프라 불리는 이 축음기는 얇은 주석으로 감싸져 있는 원통에 바늘로 소리의 파동을 새겼고, 원통이 돌면서 축음기의 바늘이 그 파동을 따라가며 소리를 재생했어요.

1877년

그래머폰

독일계 미국인 발명가 **에밀 베를리너**는 축음기를 한 단계 발전시켜 그래머폰을 발명했어요. 그래머폰은 왁스로 표면을 덮어 만든 평평한 원반, 즉 '레코드'를 사용했어요. 그래머폰은 이전의 축음기보다 음질이 좋았기 때문에 20세기 초반을 주름잡는 음악 재생 기기가 되었어요.

1887년

라디오의 발명은 통신 혁명의 시작이었어요.

이후 텔레비전의 발명으로 이어져 지금의 위성, 컴퓨터에 이르는 모든 것을 가능하게 했지요.

번스와 앨런

미국의 가수이자 배우인 **그레이시 앨런**의 첫 무대는 런던 BBC(영국의 국영 방송국)의 라디오 공연이었어요. 그녀는 남편 조지 번스와 함께 2인조로 활동했고 큰 인기를 끌었죠. 두 사람은 코미디 역사에서 가장 재미있는 한 쌍으로 알려져 있어요.

라디오 방송의 역사적 순간들

라디오는 사람들이 사건이 벌어지는 순간을 실시간으로 들을 수 있게 해 준 최초의 기계예요. 스포츠 경기부터 음악회까지, 라디오는 전 세계에 뉴스와 오락을 방송할 수 있게 해 주었지요.

국왕의 연설

영국의 **조지 6세** 국왕은 1939년 9월 3일, 제2차 세계 대전의 시작을 알리는 첫 라디오 연설을 했어요. 이 연설은 불안감이 컸던 시기에 사람들에게 용기를 북돋기 위한 것이기도 했지만, 어린 시절부터 겪어 온 말더듬증을 극복하려는 국왕의 개인적인 노력도 담겨 있었어요. 연설은 성공적이었고, 국왕은 정부와 대중 모두에게 큰 존경을 받게 되었어요.

힌덴부르크 참사

1937년 5월 6일, 독일의 여객 비행선 LZ 129 힌덴부르크가 미국 뉴저지에 있는 해군 항공 기지에 착륙하려고 했어요. 이 비행선은 그 해 미국에 도착한 첫 대서양 횡단 비행기였기 때문에 많은 기자들이 취재하기 위해 모여 있었죠. 그중에는 시카고에서 온 라디오 기자 **허버트 모리슨**도 있었어요. 그런데 비행기가 착륙하던 중 갑자기 불이 나면서 탑승자 35명과 지상에서 일하던 한 명이 목숨을 잃었어요. 모리슨은 현장에서 슬픈 목소리로 사고를 생생하게 보도했어요. 이 방송은 대형 사건에 대한 최초의 속보로 기록되었어요.

1937년

우주 전쟁

〈우주 전쟁〉은 허버트 G. 웰스의 공상 과학 소설을 각색한 라디오 드라마예요. 이 프로그램은 미국의 배우 **오슨 웰스**가 해설과 감독을 맡았으며, 배우로 연기까지 했어요.
1938년 10월 30일의 방송은 '뉴스 속보' 형식으로 방송되었는데, 많은 청취자가 실제 뉴스 방송으로 착각하고 외계인들이 실제로 지구를 침공한 줄 알고 무서워했답니다!

1938년

'나에게는 꿈이 있습니다' 연설

미국의 흑인 인권 운동가 **마틴 루서 킹**은 1963년 8월 28일, 워싱턴 D.C.의 링컨 기념관 계단에서 유명한 연설을 했어요. 그가 연설하는 동안 많은 방송사가 그의 말을 미국 전역과 전 세계의 가정으로 내보냈어요. 이 순간은 음악 시스템이 음악 말고도 중요한 메시지를 널리 퍼뜨리는 방법이 될 수 있음을 보여 주었어요.

마틴 루서 킹의 연설은 많은 사람에게 영감을 주었고, 모두 평등한 세상을 꿈꾸게 만들었어요.

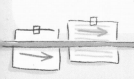

1963년

자전거 제작소

새로운 이동 수단

얼굴을 스쳐 지나가는 바람을 맞으면서, 손으로 핸들을 꽉 잡고 다리로 페달을 힘껏 밟으며 누리는 자유는 두 바퀴 위에서만 느낄 수 있어요.

이번에는 시대를 앞서간 멋진 자전거를 함께 살펴볼 거예요. 평범한 사람들에게 특별한 여행을 선물해 준 1865년의 벨로시페드와 여성의 평등권을 위해 중요한 역할을 했던 1885년의 세이프티 자전거를 포함해서 다양한 자전거를 만나 보아요.

드라이지네는 초기 자전거 중 하나예요. 페달이 없어서 사람들이 걷거나 달리면서 앞으로 나아가야 했어요.

벨로시페드는 앞바퀴에 처음으로 페달이 달린 자전거예요. 나무로 된 바퀴와 철로 된 타이어 때문에 탔을 때 편안하지 않았어요. 결국 뼈가 흔들릴 정도로 진동이 심하다는 뜻으로 '본셰이커'라는 별명이 붙었어요!

페니 파딩은 큰 앞바퀴 덕분에 좀 더 편안하게 탈 수 있었어요. 하지만 장애물에 부딪히면 앞으로 넘어질 위험이 커 안전하지는 않았어요.

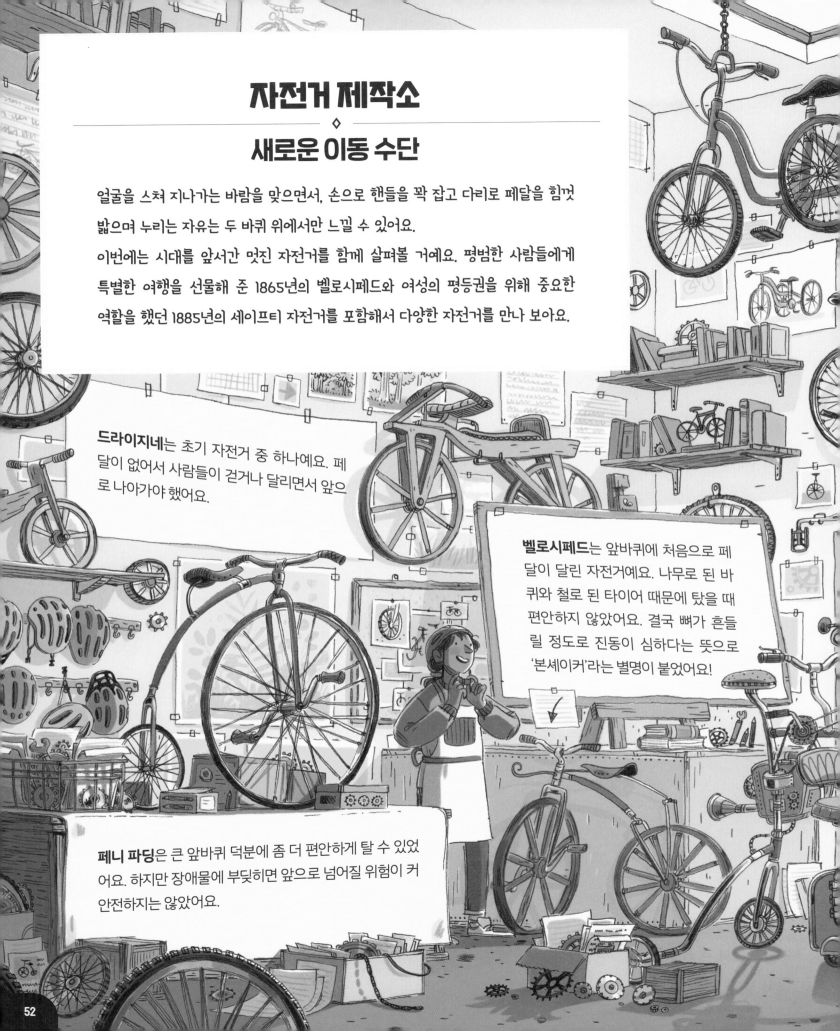

세이프티 자전거는 체인과 기어(자전거에서 페달을 밟는 힘을 조절하는 부품)가 달려 있어요. 체인은 속도를 높이거나 힘을 높이기 위해 기어 사이에서 움직였어요. 또 이 자전거는 브레이크가 있어 운전자가 안전하게 자전거를 멈출 수 있었어요.

오늘날의 **도로 주행용 자전거**는 알루미늄이나 탄소 섬유와 같은 가벼운 소재로 만들어져요.

산악자전거는 폭이 넓고 튼튼한 타이어를 가지고 있어서 미끄러지지 않고 잘 달릴 수 있어요.

작게 접히도록 설계된 **접이식 자전거**는 접을 수 있는 여러 개의 부품으로 만들어져요.

전기 자전거는 전기 모터의 도움으로 일반 자전거보다 적은 힘으로 목적지에 도착할 수 있게 해 줘요.

'레오나르도 자전거' 그림 사건

이탈리아의 예술가이자 발명가인 **레오나르도 다빈치**는 최초로 자전거를 그린 사람으로 알려져 있었어요. 1478년부터 1519년까지의 다빈치 작품을 모아 펴낸 《코덱스 아틀란티쿠스》라는 작품집에서 발견된 자전거 그림 때문이었죠. 하지만 나중에 이 그림이 가짜라는 사실이 밝혀졌어요. 1960년대에 누군가 추가로 그린 그림이었죠. 오늘날까지도 누가 이런 짓을 했는지는 아무도 모른답니다!

1492년

자전거의 역사

'누가 자전거를 발명했나요?'에 대한 대답은 누구에게 질문하느냐에 따라 다를 수 있어요. 하지만 자전거가 오늘날 훌륭한 교통수단이 되기까지 여러 사람의 아이디어와 연구가 더해졌다는 건 누구나 똑같이 말할 거예요.

페니 파딩

프랑스의 발명가 유진 메이어는 커다란 앞바퀴가 있는 자전거를 설계했어요. 영국의 **발명가 제임스 스탈리**가 이를 보고 **페니 파딩**이라는 자전거를 만들었지요. 이 이름은 앞바퀴는 당시 영국에서 사용하던 큰 동전인 페니를, 뒷바퀴는 작은 동전인 파딩을 닮았다고 해서 붙여진 거예요.

1870년대

역사상 처음으로 사람들은 말과 마차를 타지 않고 자유롭게 원하는 곳으로 갈 수 있게 되었어요!

현대의 자전거

존 켐프 스탈리는 자신의 삼촌인 제임스 스탈리가 만든 페니 파딩보다 안전한 자전거가 나온다면 더 많은 사람들이 자전거를 이용할 거라고 생각했어요. 그래서 만든 자전거가 **로버 세이프티 자전거**예요. 이 자전거는 체인으로 움직이며 두 바퀴가 서로 크기가 같아 오늘날 우리가 사용하는 자전거와 비슷하게 생겼어요.

1885년

스스로 움직이는 최초의 두발자전거

독일의 발명가 **카를 폰 드라이스** 남작은 **드라이지네**를 선보였어요. 당시 신문에 따르면, 사람들이 길가에 늘어서서 드라이스가 이 자전거로 약 13킬로미터(㎞)를 한 시간 내에 왕복하는 것을 놀라운 눈으로 지켜보았다고 해요. 페달도 없는 나무 자전거치고는 꽤 빠른 속도였지요!

1817년

페달이 달린 최초의 자전거

피에르 미쇼와 그의 아들 **에르네스트**가 파리에서 만든 **벨로시페드**는 앞바퀴 축에 연결된 페달을 밟아 움직였어요. 하지만 나무 바퀴와 철로 된 타이어 때문에 19세기 파리의 울퉁불퉁한 자갈길에서는 편하지 않았어요!

1865년

로버 세이프티 자전거는 어떻게 작동할까요?

바퀴살은 운전자의 무게를 고르게 흩어지게 해 균형을 잡는 데 도움을 줘요.

핸들은 방향을 조절하는 역할을 해요.

스푼 브레이크는 앞바퀴를 눌러서 자전거를 멈추게 해요.

체인과 연결한 **기어**는 속도를 높이거나 페달을 밟는 힘을 더 크게 만들어 줘요.

앞바퀴는 핸들에 연결된 **포크**에 달려 방향을 조정할 수 있어요.

체인은 페달에서 뒷바퀴로 힘을 전달해 줘요.

페달은 뒷바퀴에 힘을 전달해, 앞바퀴에서 발이 안전하게 떨어져 있게 해 줘요.

캐서린 타울 녹스

백인 어머니와 흑인 아버지 사이에서 태어난 캐서린 타울 녹스는 열여덟 살이 되던 해인 1893년에 **미국 자전거 연맹**의 회원이 되었어요. 그러나 다음 해에 연맹이 흑인 회원을 금지하자, 연례 회의에 참석해 그들의 결정에 항의했어요. 그녀의 용감한 행동은 자전거 분야에서 흑인과 여성이 겪는 어려움을 세상에 알렸어요.

1893년

새로운 길을 연 여성들

19세기 말에 등장한 세이프티 자전거는
여성들에게 이동의 자유를 주었어요.
이전에는 남성에게 의존하여 이동했던 여성들이
자전거 덕분에 스스로 어디로 갈지, 언제 갈지,
심지어는 무엇을 입을지도 결정할 수 있게 되었죠.

저는 자전거는
세상의 그 어떤 것보다도
여성 해방에 많은 역할을
했다고 생각해요.

수전 B.
앤서니

알폰시나 스트라다

이탈리아의 사이클 선수 알폰시나 스트라다는 세계에서 가장 길고 권위 있는 경주 중 하나인 **지로 디탈리아**에 참가하여 역사에 이름을 남겼어요.
그녀는 '알폰신 스트라다'라는 이름으로 경기에 참여했고, 남성들의 대회에 참가한 유일한 여성이 되었어요.

1924년

애니 '런던데리' 콥초브스키

23세의 라트비아 출신의 유대인 여성이었던 애니 콥초브스키는 자전거를 한 번도 타본 적이 없었어요. 하지만 두 남자가 "여성은 자전거로 세계 일주를 할 수 없다"고 주장하자 **자전거를 타고 세계 일주**에 나섰죠. 그녀의 도전은 약 15개월에 걸쳐 성공했고, 이 과정에서 그녀는 남녀평등 운동의 선구자가 되었어요.

마리아 E. 워드

자전거를 좋아했던 마리아 E. 워드는 《여성을 위한 자전거》라는 책을 펴내 19세기 후반 문화에 큰 충격을 주었어요. 그녀의 책에는 여성들이 어떻게 자전거를 사고, 타고, 관리하면 되는지 쓰여 있었는데, 이는 여성들이 진정한 자전거의 주인이 될 수 있도록 도와주었어요.

1894~95년

앨리스 호킨스

앨리스 호킨스는 **여성 투표권**을 위해 자전거를 실용적인 수단으로 사용한 영국의 참정권 운동가예요. 그녀는 헐렁한 바지를 최초로 입은 여성 중 한 명이었죠. 헐렁한 바지를 입으면 자전거를 탈 때 훨씬 편리했지만 당시 큰 논란을 일으켰어요.

1896년

1900년대 초

자전거가 발명된 지 100년이 넘었지만 여전히 여성들에게 해방의 수단이 되고 있어요.

마소마 알리 자다

탈레반(이슬람 극단주의 무장 세력)이 아프가니스탄에서 여성들에게 자신들의 신념을 강요할 때, 마소마 알리 자다는 자전거를 탄다는 이유로 돌을 맞았어요. 상황이 너무 위험해지자 그녀는 프랑스로 망명을 신청했고, 2021년 도쿄 **올림픽**에서 첫 아프가니스탄 여성 사이클 선수로 출전하여 전 세계 아프간 여성들에게 희망의 상징이 되었어요.

2021년

텔레비전 스튜디오

◇

새로운 형태의 오락

약 100년 동안 텔레비전은 전 세계 사람들에게 놀라움과 신기함을 선물하는 기계였어요. 1920년대 방송국에서 처음 방송을 시작했을 때는 작은 화면에서 흐릿한 이미지를 보여 주던 텔레비전이, 오늘날에는 아주 선명한 고화질 이미지를 만들어 내는 오락 기계로 발전했지요. 오늘날 대부분의 가정에서는 적어도 한 대의 텔레비전을 가지고 있어요. 하지만 초기의 텔레비전 모습과는 많이 다를 거예요.

팬텔레그래프는 전신선을 통해 이미지를 전송했어요. 신호로 보내진 이미지를 수신 장치가 받은 다음 펜과 잉크로 다시 그렸어요.

닙코 디스크는 나선 모양으로 구멍이 뚫린 회전 디스크예요. 이미지를 움직이는 것처럼 보이게 했어요.

대량 생산된 최초의 텔레비전은 화면 크기가 우표 크기만 했어요.

마르코니-EMI 텔레비전의 주요 부분은 음극 선관이었어요. 음극선 관은 화면 쪽으로 불룩 튀어나온 유리병처럼 생겼어요.

최초의 텔레비전 리모컨은 **플래시매틱**이었어요. 이 리모컨은 텔레비전의 네 귀퉁이에 빛을 비추어 채널을 바꾸거나 조정할 수 있었어요.

컬러텔레비전은 회전하는 거울 드럼과 디스크를 사용해서 화면을 만들었어요. 디스크는 파란색, 초록색, 빨간색 필터를 번갈아 가며 사용했지요.

텔레비전이 점점 인기를 끌면서, 다양한 모양의 텔레비전들이 나오기 시작했어요. 예를 들면, 곡선형의 우주 시대 스타일을 자랑하는 **구 모양의 케라컬러 텔레비전**이 있었죠.

또 장난감처럼 생긴 **필코 텔레비전**도 있었어요!

세계 최초의 휴대용 텔레비전인 **싱클레어 마이크로비전** 덕분에, 사람들은 이동 중에도 텔레비전을 볼 수 있게 되었어요.

21세기에 접어들면서 기술이 발전하자 텔레비전 화면은 점점 더 커지고 얇아졌어요. 또, 입체 프로그램을 볼 수 있는 **3D 텔레비전**과 인터넷 연결이 가능한 **스마트 텔레비전**과 같이 점점 더 멋진 텔레비전이 생겨났지요.

팬텔레그래프

텔레비전이 발명되기 수십 년 전, 팬텔레그래프는 전자식으로 이미지를 전송한 첫 번째 기계였어요. 이 기계는 이탈리아의 가톨릭 성직자 **조반니 카셀리**가 발명했는데, 전신선을 통해 이미지를 보낼 수 있었어요. 시계와 추를 사용해서 이미지를 보내는 기계와 받는 기계가 정확하게 맞춰지도록 했고, 받는 기계는 이미지를 한 줄씩 보여 줬어요.

1860년대

텔레비전의 역사

텔레비전의 발달은 발명가부터 기술자, 성직자, 공공 단체에 이르기까지 많은 사람들의 노력을 통해 이루어졌어요. 오늘날 텔레비전은 가장 중요한 의사소통 수단 중 하나로 자리 잡았답니다.

베어드 텔레바이저

결국 베어드가 '텔레바이저'라고 부른 이 기계는 **상업적**으로 판매된 최초의 텔레비전이 되었어요. 텔레바이저는 셀레늄 전지를 이용하여 움직이는 이미지를 전자 신호로 바꾼 다음, 이것을 이미지로 표시했지요. 하지만 선명하게 보이지는 않았어요.

1929년

베어드 텔레바이저는 어떻게 작동할까요?

속도 조절 손잡이는 디스크를 켜고 이미지를 안정적으로 유지해 줘요.

움직이는 이미지는 **작은 화면**에 표시되었어요.

정밀 조절 손잡이는 디스크의 속도를 더 정확하게 맞추는 데 사용했어요.

닙코 디스크는 움직이는 이미지를 스캔해서 변환한 다음 화면에 표시해 줘요.

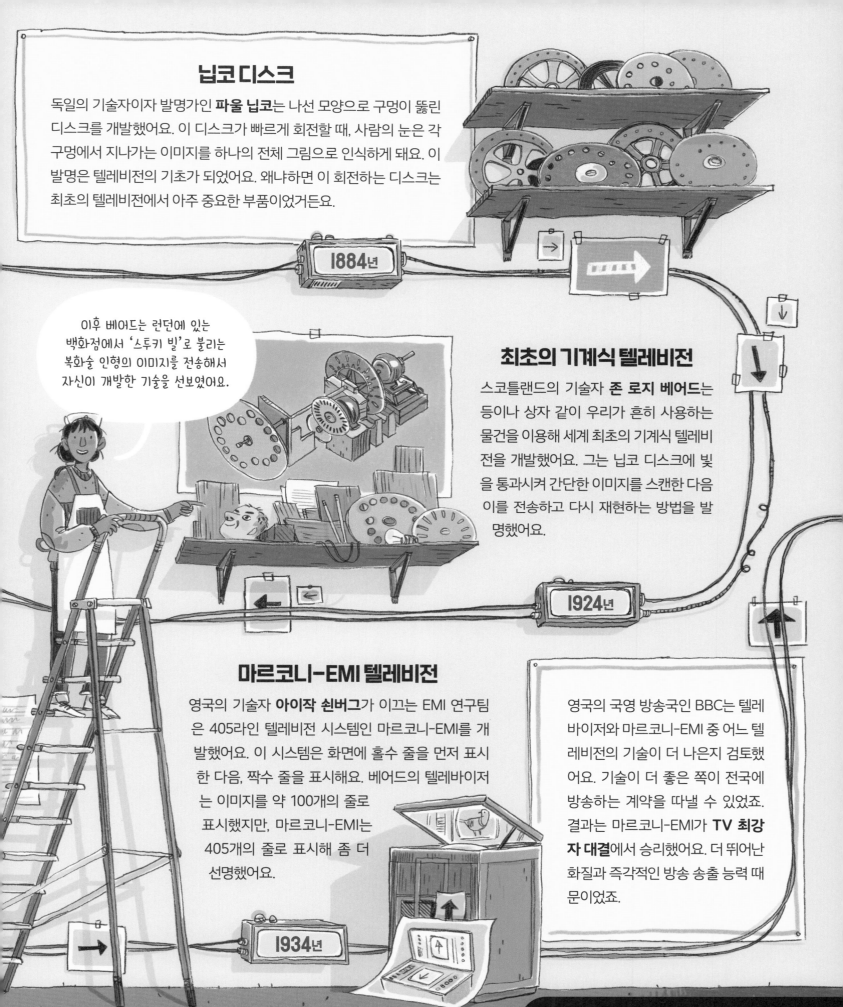

닙코 디스크

독일의 기술자이자 발명가인 **파울 닙코**는 나선 모양으로 구멍이 뚫린 디스크를 개발했어요. 이 디스크가 빠르게 회전할 때, 사람의 눈은 각 구멍에서 지나가는 이미지를 하나의 전체 그림으로 인식하게 돼요. 이 발명은 텔레비전의 기초가 되었어요. 왜냐하면 이 회전하는 디스크는 최초의 텔레비전에서 아주 중요한 부품이었거든요.

1884년

이후 베어드는 런던에 있는 백화점에서 '스투키 빌'로 불리는 복화술 인형의 이미지를 전송해서 자신이 개발한 기술을 선보였어요.

최초의 기계식 텔레비전

스코틀랜드의 기술자 **존 로지 베어드**는 등이나 상자 같이 우리가 흔히 사용하는 물건을 이용해 세계 최초의 기계식 텔레비전을 개발했어요. 그는 닙코 디스크에 빛을 통과시켜 간단한 이미지를 스캔한 다음 이를 전송하고 다시 재현하는 방법을 발명했어요.

1924년

마르코니-EMI 텔레비전

영국의 기술자 **아이작 쇤버그**가 이끄는 EMI 연구팀은 405라인 텔레비전 시스템인 마르코니-EMI를 개발했어요. 이 시스템은 화면에 홀수 줄을 먼저 표시한 다음, 짝수 줄을 표시해요. 베어드의 텔레바이저는 이미지를 약 100개의 줄로 표시했지만, 마르코니-EMI는 405개의 줄로 표시해 좀 더 선명했어요.

영국의 국영 방송국인 BBC는 텔레바이저와 마르코니-EMI 중 어느 텔레비전의 기술이 더 나은지 검토했어요. 기술이 더 좋은 쪽이 전국에 방송하는 계약을 따낼 수 있었죠. 결과는 마르코니-EMI가 **TV 최강자 대결**에서 승리했어요. 더 뛰어난 화질과 즉각적인 방송 송출 능력 때문이었죠.

1934년

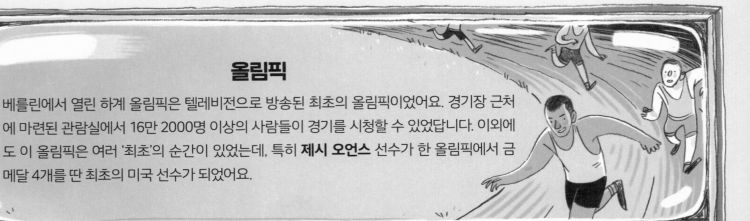

올림픽

베를린에서 열린 하계 올림픽은 텔레비전으로 방송된 최초의 올림픽이었어요. 경기장 근처에 마련된 관람실에서 16만 2000명 이상의 사람들이 경기를 시청할 수 있었답니다. 이외에도 이 올림픽은 여러 '최초'의 순간이 있었는데, 특히 **제시 오언스** 선수가 한 올림픽에서 금메달 4개를 딴 최초의 미국 선수가 되었어요.

1936년

텔레비전으로 본 역사적 순간들

텔레비전은 역사의 중요한 순간을 가장 가까이에서 볼 수 있게 해 줬어요. 전 세계 수억 명의 사람들이 동시에 텔레비전 앞에 모여 세계를 변화시키는 사건들을 실시간으로 지켜봤지요.

> 달에서 방송하기 위해 간단하고 가벼운 장비가 필요했던 나사는 베어드의 텔레비전 기술을 이용해서 소형 카메라를 만들었어요.

아폴로호 달 착륙

미국인 **버즈 올드린**과 **닐 암스트롱**이 달에 착륙하는 장면이 생중계되었어요. 암스트롱은 "한 사람에게는 작은 발걸음이지만 인류에게는 거대한 도약이다"라는 유명한 말을 남겼어요. 전 세계의 시청자들은 이 장면을 보고 크게 감동했습니다.

1969년

라이브 에이드 콘서트

약 19억 명의 사람들이 시청한 라이브 에이드 콘서트는 텔레비전 역사상 규모가 가장 큰 방송이었어요. 이 콘서트는 아프리카 사람들의 굶주림을 돕기 위해 스코틀랜드의 음악가 **밋지 유르**와 아일랜드의 작곡가 **밥 겔도프**가 주최했어요.

1985년

엘리자베스 2세 여왕의 대관식

엘리자베스 2세 여왕의 대관식은 텔레비전 카메라가 웨스트민스터 사원에 들어간 첫 번째 사건이었어요. 영국 전역에서 2700만 명의 사람들이 이 대관식을 시청했죠. 이날의 시청 기록은 텔레비전 시청자 수가 라디오 시청자 수보다 많은 최초의 사례로 기록되었어요.

1953년

최초의 대선 토론 방송

존 F. 케네디와 **리처드 닉슨** 사이의 미국 대통령 후보 토론이 방송되었는데, 이는 텔레비전으로 방송된 최초의 대선 토론이었어요. 케네디는 텔레비전 앞에서 강한 인상을 남기며 선거에서 승리했지요.

1960년

베를린 장벽 붕괴

1989년 11월 9일, 동독은 약 30년 만에 시민들이 서독으로 자유롭게 이동할 수 있다고 발표했어요. 사람들은 환호하며 베를린을 나누고 있던 벽을 무너뜨리기 시작했지요. 그날 밤, 텔레비전 방송국들은 냉전의 상징이었던 베를린 장벽의 붕괴를 전 세계에 생중계했어요.

1989년

루스 에이모스 글

수상 경력이 있는 영국의 발명가이자 기업가이며 교육 유튜버입니다. 아이들을 대상으로 발명에 관한 유튜브 채널을 운영하고 있으며, 어린이들이 실제 공학자를 보며 발명에 관한 아이디어를 얻을 수 있도록 이끄는 영상을 올립니다.

스테이시 토머스 그림

영국의 옥스퍼드셔를 중심으로 활동하는 일러스트레이터이자 제작자입니다. 영국의 브라이턴 대학교에서 일러스트레이션을 공부하였습니다.

강수진 옮김

초그신(초등교사 그림책 신작 읽기 모임)을 이끌며, 좋어연(좋아서 하는 어린이책 연구회) 운영진으로 활동하고 있습니다. 교실에서 어린이들과 책을 함께 읽으며, 책을 씁니다. 그리고 외국의 좋은 어린이책을 우리말로 옮기고 있습니다.

신나는공학자 03
발명가의 작업실

1판 1쇄 인쇄 | 2024. 11. 22.
1판 1쇄 발행 | 2024. 12. 6.

루스 에이모스 글 | 스테이시 토머스 그림 | 강수진 옮김

발행처 김영사 | **발행인** 박강휘
편집 이은지 | **디자인** 고윤이 | **마케팅** 서영호 | **홍보** 조은우 육소연
등록번호 제 406-2003-036호 | **등록일자** 1979. 5. 17.
주소 경기도 파주시 문발로 197(우 10881)
전화 마케팅부 031-955-3100 | 편집부 031-955-3113~20 | 팩스 031-955-3111

The Inventor's Workshop © 2024 Lucky Cat Publishing Ltd
Text © 2024 Ruth Amos
Illustrations © 2024 Stacey Thomas
First published in the UK by Magic Cat Publishing, an imprint of Lucky Cat
Korean translation rights © 2024 Gimm-Young Publishers, Inc.
Korean translation rights are arranged with Lucky Cat Publishing Limited through
LENA AGENCY, Seoul
All rights reserve

값은 표지에 있습니다.
ISBN 979-11-7332-015-6 74500
ISBN 978-89-349-8240-1(세트)

좋은 독자가 좋은 책을 만듭니다. 김영사는 독자 여러분의 의견에 항상 귀 기울이고 있습니다.
전자우편 book@gimmyoung.com | 홈페이지 www.gimmyoung.com

|**어린이제품 안전특별법에 의한 표시사항**| **제품명** 도서 **제조년월일** 2024년 12월 6일
제조사명 김영사 **주소** 10881 경기도 파주시 문발로 197 **전화번호** 031-955-3100 **제조국명** 대한민국
사용 연령 10세 이상 ⚠**주의** 책 모서리에 찍히거나 책장에 베이지 않게 조심하세요.